室内设计制图
零基础入门

[日] 松下希和　[日] 照内创　[日] 长冲充　著
[日] 中山繁信　[日] 栗原宏光

秦 思 译

江苏凤凰科学技术出版社

前　言

本书主要面向建筑、室内设计专业的初学者们，从视图方面介绍建筑的入门知识。我希望读者看完这本书后能学到以下技能：

一、学会正确的建筑图制图方法。

二、理解各类视图的概念和意义。

三、能使用不同的视图表达自己的建筑想法。

本书采用了路易斯·康（Louis Kahn）设计的费舍尔住宅（The Fisher House）作为学习建筑制图的样板。虽然使用任何建筑物都可以教授制图的方法，但选择这个著名住宅的目的是想让大家在最初学习建筑时能接触到优秀的住宅设计。书中插入了很多费舍尔住宅的建筑图纸和照片，希望大家在学习制图方法的过程中感受到费舍尔住宅的魅力，揣摩建筑大师的设计思想。

感谢中山繁信老师对我的帮助，中山繁信老师有几十年的大学基础制图的授课经验，他在这方面给了我很多重要的建议，可以说没有他的指导就不会有这本书。还要感谢摄影师栗原宏光先生，他与我一道去费舍尔住宅取材，拍摄了很多精美的照片，得以将费舍尔住宅的美丽景象呈现到读者面前。感谢宾夕法尼亚大学的威廉·威特肯（Willia Whitaker）先生，他向我提供了一些费舍尔住宅原始设计的图片等珍贵资料。最后，感谢出版社的各位编辑在紧张的出版过程中给予我最大限度的理解和帮助。在此，对所有帮助过我的人表示诚挚的感谢。

著者

※ 本书中所有图中标注的尺寸以毫米计。

目 录

第一章

制图的基本知识

将费舍尔住宅转化成二维图形的表现方法

基本视图（平面图、剖面图、立面图）

所谓基本视图就是使用正投影法将三维的建筑物投影到二维平面上，使用二维来表现建筑的大小、形状的制图方法。只要使用这三种基本的视图，就能确定一个建筑的全貌。学习基本视图是建筑设计的第一步。

第一节　概述

一、基本视图（平面图、剖面图、立面图）的概念和作用一

在学习视图的绘制方法之前，我们应该先思考这样一个问题：为什么要描绘视图？

假设这样一个场景：有人需要一个茶壶，并且想请别人帮他制造出来。这个过程是怎样的呢？

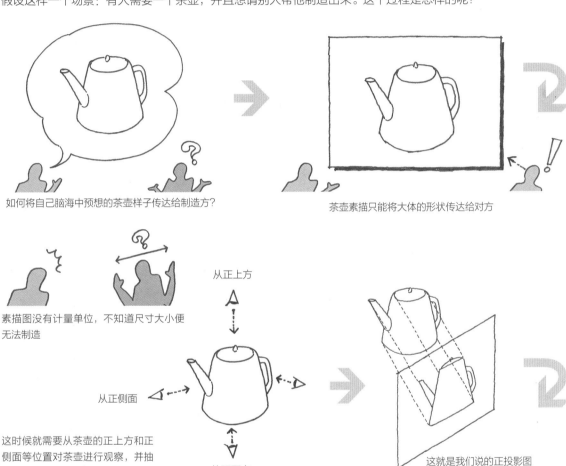

如何将自己脑海中预想的茶壶样子传达给制造方？

茶壶素描只能将大体的形状传达给对方

素描图没有计量单位，不知道尺寸大小便无法制造

从正上方

从正侧面

这时候就需要从茶壶的正上方和正侧面等位置对茶壶进行观察，并抽象出茶壶的形状

从正下方

这就是我们说的正投影图

注：正投影图是将从投影面（视角）看到的物体形状、大小等使用等比例的尺寸描绘出来。

从正上方看到的视图

从正下方看到的视图

从正侧面看到的视图一

从正侧面看到的视图二

从正侧面看到的视图三

现在已经知道了茶壶的外形信息，但是茶壶内部的构造是怎样呢？

只描绘茶壶外表的视图是无法将茶壶内部的构造信息传达给别人的

想象一下使用刀具从水平方向将茶壶切开的情形

再想象一下使用刀具从竖直方向将茶壶切开的情形

从正上方观察剖面

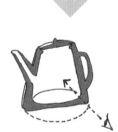

从正侧面观察剖面

现在，制作茶壶所需的所有视图都具备了，可以将茶壶的信息正确传达给对方。概括来说，视图就是将三维物体的形状和构造的全貌使用二维图像来表现，将信息正确传达给对方的一种建筑"语言"。

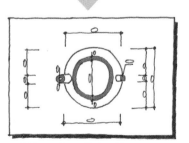

画出从正上方看到的水平剖面的视图

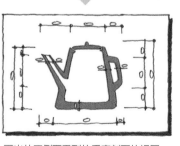

画出从正侧面看到的垂直剖面的视图

二、基本视图（平面图、剖面图、立面图）的概念和作用二

建筑的所有视图除了透视图外，都是采用"正投影法"来绘制的。正投影法的特点是相同大小的物体离视角无论远近，投影到视图上都是同样的尺寸。例如，有两个大小相同的物体，一个在远处，一个在近处，同时使用正投影法为两者画视图，则两个物体在视图上是同样大的。这是一个非常重要的概念，为了便于理解，下面以简单的建筑物示意图——屋顶平面图、平面图、立面图、剖面图、展开图进行说明。

平面图

将建筑物在离地面约 1.5 米高的位置水平剖切

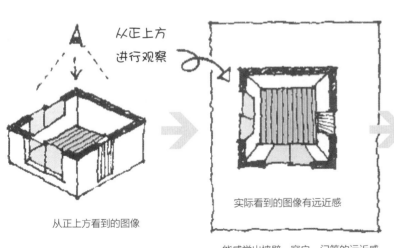

从正上方看到的图像

能感觉出墙壁、窗户、门等的远近感

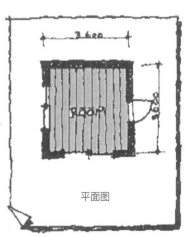

平面图

使用正投影法绘制的正上方平面图

剖面图

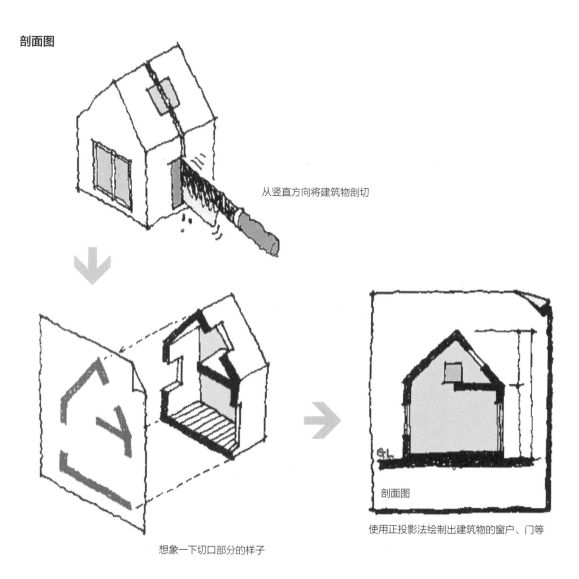

从竖直方向将建筑物剖切

想象一下切口部分的样子

剖面图

使用正投影法绘制出建筑物的窗户、门等

立面图

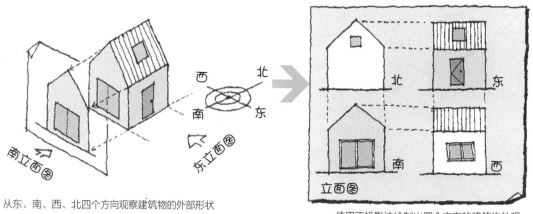

从东、南、西、北四个方向观察建筑物的外部形状

使用正投影法绘制出四个方向的建筑物外观

屋顶平面图

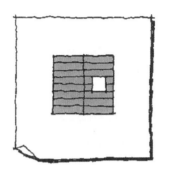

从建筑物的正上方观察屋顶的形状

使用正投影法绘制出屋顶的形状

展开图

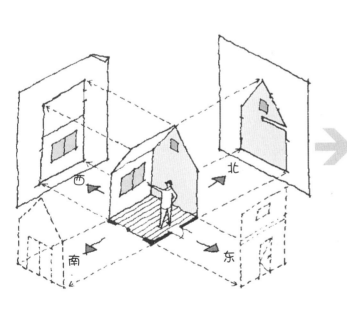

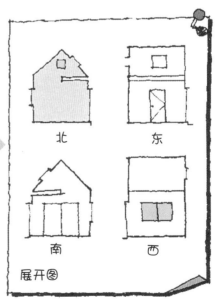

展开图是从建筑内部向东、南、西、北四个方向观察墙壁的图像

使用正投影法绘制出四个面的展开图

三、基本视图的种类

根据视图的绘制方式和要传达的内容，可以将基本视图分成不同的类型。

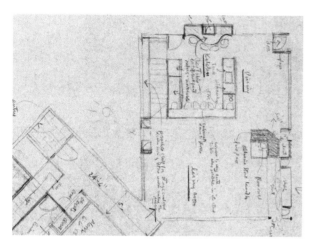

构思中的视图

设计师在思考、构思的过程中根据自己的想法绘制出来的图纸，例如素描、草稿等。

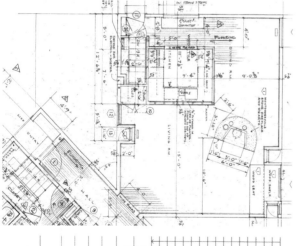

施工使用的视图

设计师将建筑物的详细尺寸、施工方法和最终效果等信息传递给施工者时使用的建筑视图，例如施工图等。

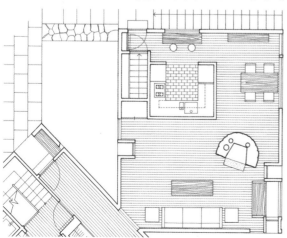

展示用的视图

设计师将自己的设计想法传达给房屋主人或者向其他人展示设计方案时使用的视图，例如户型图。

注：本书主要教给大家户型图的绘制方法。

四、比例尺

虽然费舍尔住宅是一个不大的建筑，但是将它按照1：1的尺寸画到图纸上是不现实的。在实际的制图过程中，我们会将建筑物的实际尺寸缩小到几分之一或几百分之一，这种缩小的比例就叫作比例尺。例如1：100的比例尺，就是将100米的长度缩小成1米，描绘到图纸上。不同大小的比例尺可以用来表现不同的内容、精确度，因此选择一个合适的比例尺是非常重要的。为了方便设计者按比例绘制图纸或按图纸进行实地测量，最好使用行业标准或规范的比例尺。

建筑周边的分布图等

比例尺一般为1：500~1：300，主要用于表现建筑物周边地面的情况。

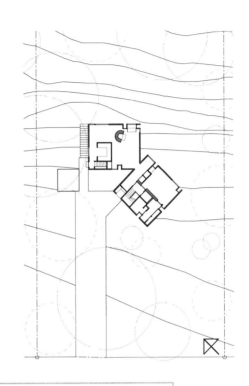

基本视图（平面图、剖面图、立面图）

比例尺一般为1：100~1：50，主要用于表现建筑物整体的构成。

详图

比例尺一般为1：20~1：2，主要用于表现建筑物局部的材质或建造方式等构造细节。

第二节　平面图

一、什么是平面图

平面图用于表现建筑物各层的平面构成（内部各房间的关系、功能），是一种最基本的视图。常见的户型图就属于平面图，因此平面图应该是所有视图中最为大众所熟知的。

在绘制平面图时，假想我们沿着建筑物离地面 1~1.5 米高的位置（这个高度能更清晰地区分切口部分和墙壁之间的关系）进行水平切割，再从上而下地观察该剖切面，将观察到的物体描绘到图纸上。

沿着水平方向切割建筑物　　　　　　　　　　　　　　　　从正上方看到的建筑物剖切面

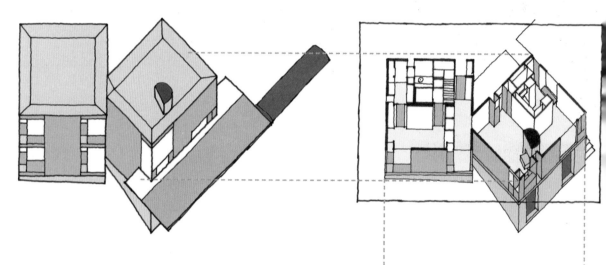

使用正投影法绘制

正投影图：
将对象物体的所有点投影到任意一个面上（即投影面），并且不考虑物体纵深方向的关系，将物体平行投影到图纸上绘制而成的视图。

剖切面：
为了了解建筑物内部的构造，假设对建筑物进行剖切后看到的切面，是平面图和剖面图中最重要的表现部分。

可见物：
从某个角度看到的室内物体。如果是断面，则连同断面内部的物体一起绘制出来。绘制可见物时可以使用比断面更细的线条。

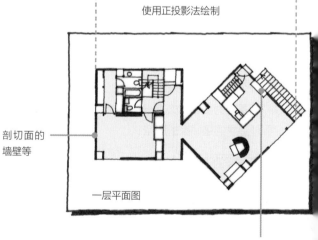

剖切面的墙壁等

一层平面图

从剖切面向下观察，绘制出室内的户型图，将看到的所有可见物也全部绘制出来，例如家具、机器设备等

注：基本视图均采用正投影法进行制图。

费舍尔住宅

费舍尔住宅是费舍尔夫妻和他们两个女儿共同生活的房子，于 1967 年在费城的郊外开始建造。这座小房子从设计到竣工一共耗时 7 年（异乎寻常的长）。

通常情况下，设计师会接受委托人的要求，根据生活在房子里家庭成员的需求进行设计。但是，路易斯·康的委托人费舍尔夫妻却说"房子不应该是为了特定的人而设计的"。家是生活的见证，除了能满足人们的日常生活外，更重要的是发挥作为人类居住场所这一根源性的作用。所以，路易斯·康把住宅的设计目的定为："不是仅为费舍尔夫妻一家服务的房子，而是任何人在这个房子里都能感受到如同在自己家一样的温馨。"他追求的是"家的原型"。

费舍尔夫妻被康的设计哲学所触动，将房子保养得非常好。现在别的家庭也可以开心、满意地住在这座房子里。

虽然费舍尔住宅是一个很小的房子，但康运用不亚于设计大规模公共建筑的思考和热情来设计它，未有丝毫懈怠。因此这所住宅才能成为康设计风格的代表作，才能成为 20 世纪的著名住宅。

二、平面图制图——线条的含义

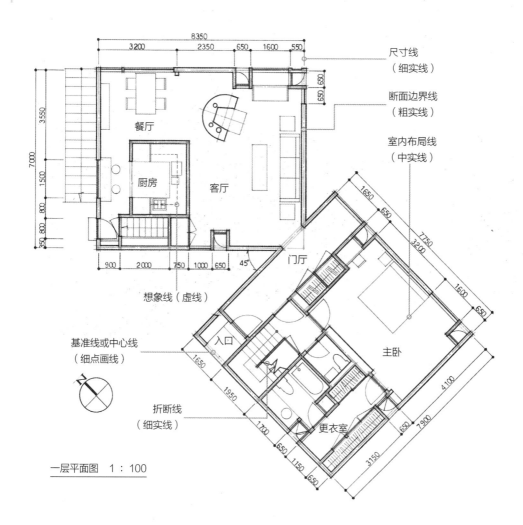

一层平面图　1：100

绘制视图的目的是便于设计思考，可以对建筑构造进行说明，还可以用于建造指导。如果把视图比喻成文章的话，那么线条就是构成这篇文章的语言和句子。

和语言一样，制图的线条也分为不同的类型，并有各自的规范，记住不同线条的含义是很重要的基本功。

按线条的粗细分类：

极细线（0.1毫米以下）　————————

辅助线（为了让主线的描绘更清晰而先绘制必要的打底线）。

细线（0.1毫米）　————————

基准线或中心线、尺寸线、剖面线、接缝线、木纹线、折断线、开门线等。

中线（0.2~0.4毫米）　————————

可见物线等。

粗线（0.5~0.8毫米）　————————

断面边界线。

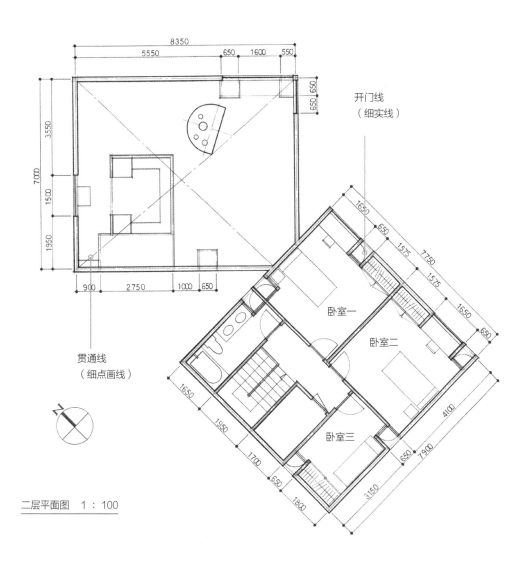

二层平面图　1：100

线条的使用规范：

实线 ────────────

室内布局线、尺寸线、断面边界线等。

虚实线 ─ ─ ─ ─ ─

隐藏线。

虚线 ─ ─ ─ ─ ─ ─ ─

想象线、移动线。

点画线（点画线、双点画线） ─ · ─ · ─

基准线、中心线或贯通线。

剖面线：

在物体的表面上以一定的间隔描绘的斜线。一般采用 45 度的斜线绘制在剖切面的表面，强调某个点的时候使用。

想象线：

用于表现存在于剖切面之上的物体（例如，剖切面上方的吊柜等）。

折断线：

用于表现物体只有一部分被剖切的情况。主要用在平面图中，用于展示半截楼梯被剖切时断面的情形。

贯通线：

用于表现上下贯通、没有第二层隔断的房间。关于房间贯通的详细信息请参考第 43 页。

隐藏线：

用于表现看不见部分的形状。

移动线：

用于表示物体（如拉门等）的移动轨迹。

开门线：

用于表示内、外开门（参考第 56 页）打开时的移动轨迹。

三、平面图的制图步骤

1. 绘制外墙的中心线

中心线决定了建筑物在图纸上的位置和大小

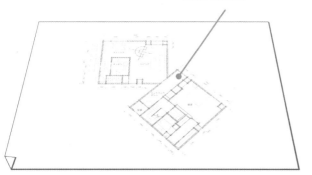

绘制视图首先从描绘外墙（或立柱）的中心线开始。在绘制中心线时就可以确定建筑物的总体大小和所处方位。在绘制中心线之前可以先打底线，并思考建筑物应该处于图纸上的什么位置、占据多大空间等，同时绘制草图。

中心线用于表现建筑物的"骨骼"。建筑物的长、宽和空间大小使用比例尺缩小后，通过标注各条中心线之间的距离体现出来

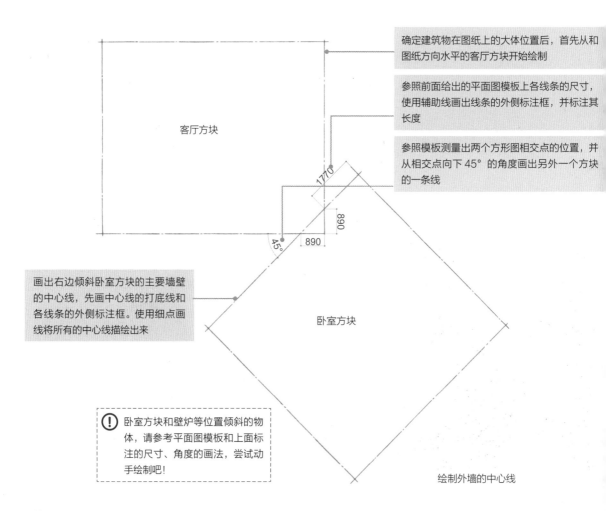

确定建筑物在图纸上的大体位置后，首先从和图纸方向水平的客厅方块开始绘制

参照前面给出的平面图模板上各线条的尺寸，使用辅助线画出线条的外侧标注框，并标注其长度

参照模板测量出两个方形图相交点的位置，并从相交点向下 45° 的角度画出另外一个方块的一条线

客厅方块

1770

890

45°   890

画出右边倾斜卧室方块的主要墙壁的中心线，先画中心线的打底线和各线条的外侧标注框。使用细点画线将所有的中心线描绘出来

卧室方块

⚠ 卧室方块和壁炉等位置倾斜的物体，请参考平面图模板和上面标注的尺寸、角度的画法，尝试动手绘制吧！

绘制外墙的中心线

2. 绘制内墙的中心线

下面我们来绘制内墙的中心线。参照平面图模板的尺寸可以把大多数内墙的中心线位置绘制出来，其中较为复杂的线条绘制可以通过测量平面图模板上线条的位置、长度，复制到自己的图纸上。

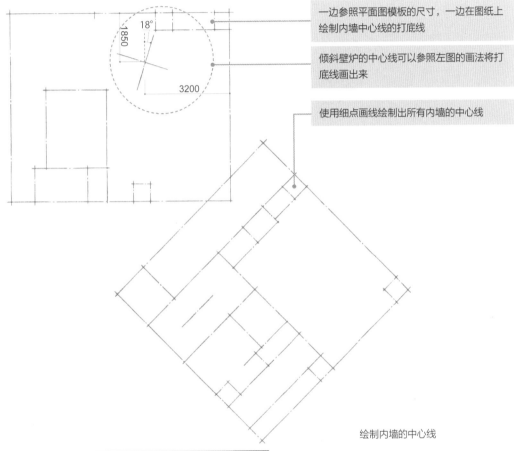

一边参照平面图模板的尺寸，一边在图纸上绘制内墙中心线的打底线

倾斜壁炉的中心线可以参照左图的画法将打底线画出来

使用细点画线绘制出所有内墙的中心线

绘制内墙的中心线

45°交叉的墙壁部分结构

基准线（中心线）：

是作图和测量尺寸时的基准，是沿着墙壁和柱子中心绘制的线条。

3. 绘制墙壁（剖切面）的厚度

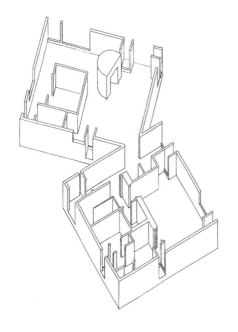

接下来开始绘制墙壁的厚度。因为中心线是墙壁的中心，所以要将墙壁的厚度一分为二，在中心线的两侧绘制出均等厚度的墙壁线。柱子等物体的剖切面（即这个住宅中的壁炉等）和墙壁一样需要绘制出整体形状。

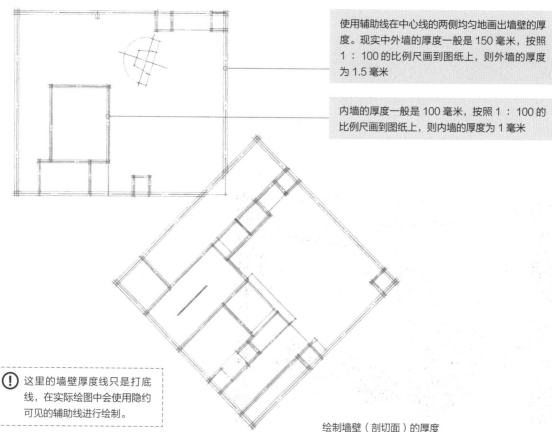

使用辅助线在中心线的两侧均匀地画出墙壁的厚度。现实中外墙的厚度一般是 150 毫米，按照 1 : 100 的比例尺画到图纸上，则外墙的厚度为 1.5 毫米

内墙的厚度一般是 100 毫米，按照 1 : 100 的比例尺画到图纸上，则内墙的厚度为 1 毫米

（!） 这里的墙壁厚度线只是打底线，在实际绘图中会使用隐约可见的辅助线进行绘制。

绘制墙壁（剖切面）的厚度

4. 标注开口部分的位置

在平面图上将墙壁上开口部分的位置标注出来。请参照之前给出的平面图模板及其上面的尺寸标注，在图纸上标注出各个开口部分的位置。

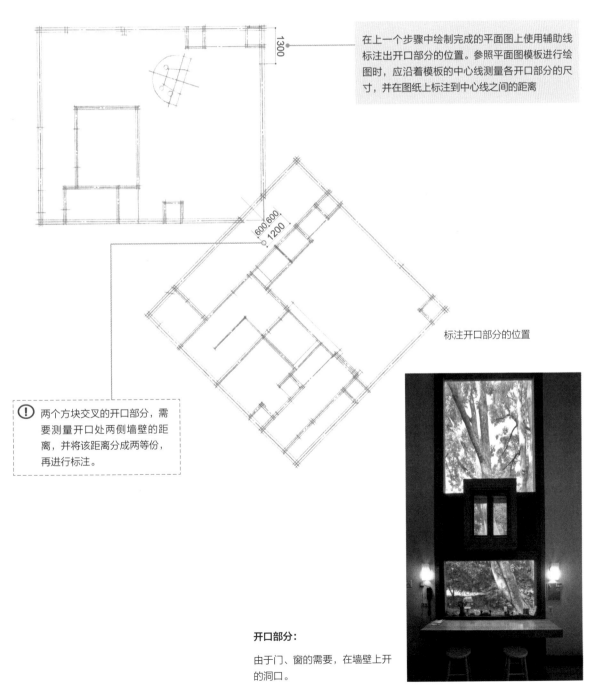

在上一个步骤中绘制完成的平面图上使用辅助线标注出开口部分的位置。参照平面图模板进行绘图时，应沿着模板的中心线测量各开口部分的尺寸，并在图纸上标注到中心线之间的距离

标注开口部分的位置

⊕ 两个方块交叉的开口部分，需要测量开口处两侧墙壁的距离，并将该距离分成两等份，再进行标注。

开口部分：

由于门、窗的需要，在墙壁上开的洞口。

5. 绘制墙壁（剖切面）

沿着之前画好的墙壁厚度的打底线和
开口部分的位置，将墙壁（剖切面）
的部分描绘出来。

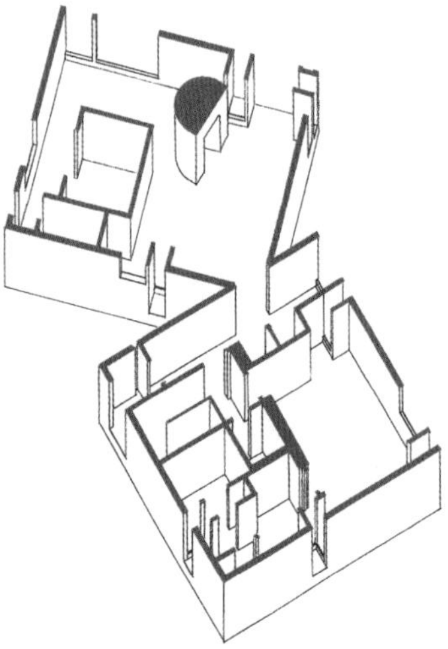

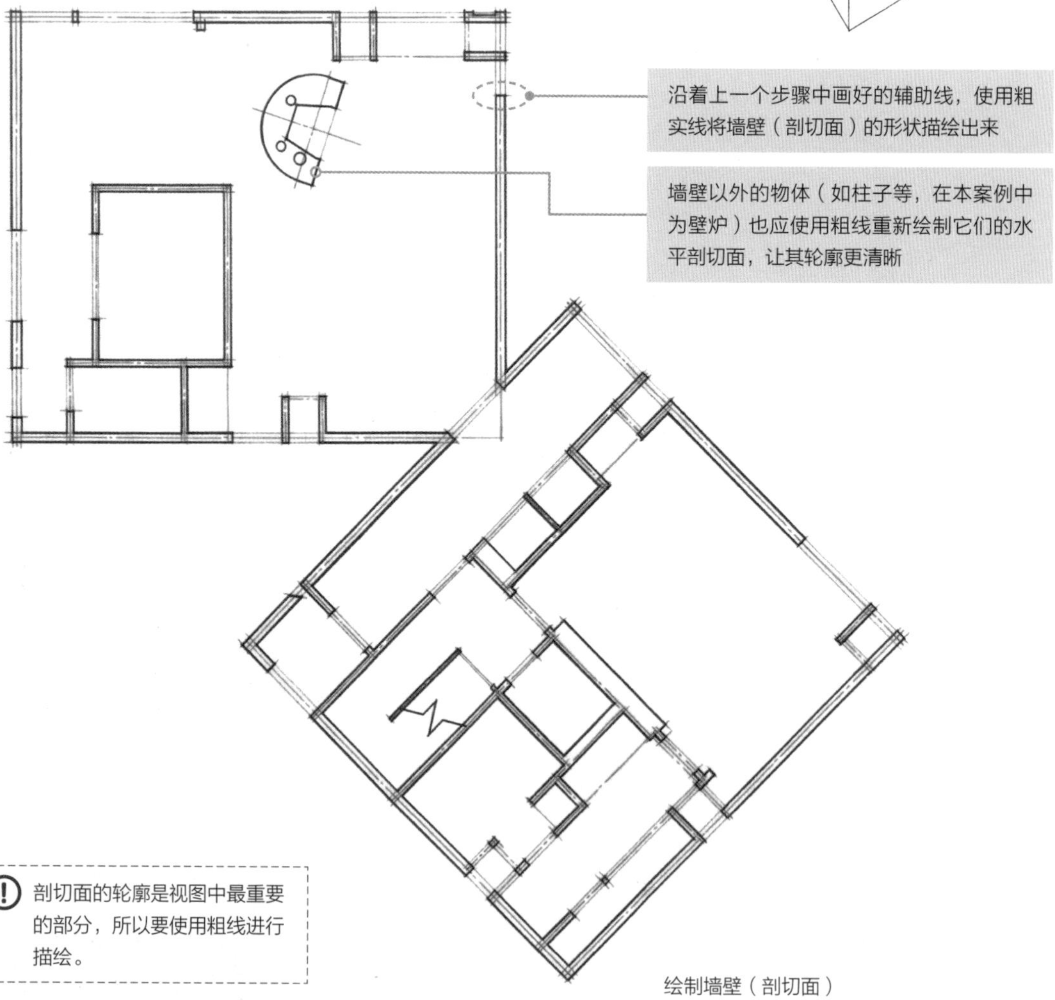

沿着上一个步骤中画好的辅助线，使用粗
实线将墙壁（剖切面）的形状描绘出来

墙壁以外的物体（如柱子等，在本案例中
为壁炉）也应使用粗线重新绘制它们的水
平剖切面，让其轮廓更清晰

① 剖切面的轮廓是视图中最重要
的部分，所以要使用粗线进行
描绘。

绘制墙壁（剖切面）

6. 绘制窗户和门的标记

接下来我们要在墙壁开口部位绘制门、窗标记。费舍尔住宅内基本采用了内、外开的门和固定不能打开的窗户，除此之外还有一些其他的窗户设计，如推拉窗等。门、窗的打开方式不同，绘制方法也不一样，大家要注意区分。

使用制图工具绘制开门线（门打开的轨迹）。先用辅助线绘制打底线，然后再用细实线重新描一遍

在剖切面上也能看到固定窗上的玻璃，所以要在窗户的位置用较粗的中线画出玻璃的形状

从剖切面往下也能看到窗框，所以也要用中线画出窗框的轮廓

绘制窗户和门的标记

剖切面上也有玻璃，应使用较粗的中线画出玻璃的形状

从剖切面往下也能看到窗框，因此要用中线画出窗框的轮廓

绘制窗框的轮廓

7. 绘制楼梯

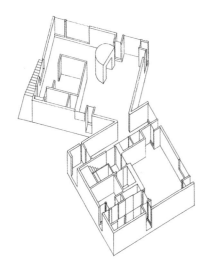

楼梯是绘制平面图过程中最容易出错的部分。首先让我们先回想一下平面图的概念，即将建筑物在离地约 1.5 米高的位置水平剖切后，从上往下观察剖切面后绘制出的视图。因此，在绘制平面图时，我们需要绘制从剖切面正上方看到的楼梯台阶的形状。

在绘制建筑物一层平面图时，一般会将一层到二层的楼梯截为两半。楼梯剖切面是平滑的，但如果使用直线来描绘楼梯截面的话就会和墙壁混淆，无法分清。所以应使用折断线来表示楼梯的截面，并用细实线描绘，这样还能表现出楼梯继续往上延伸的效果。

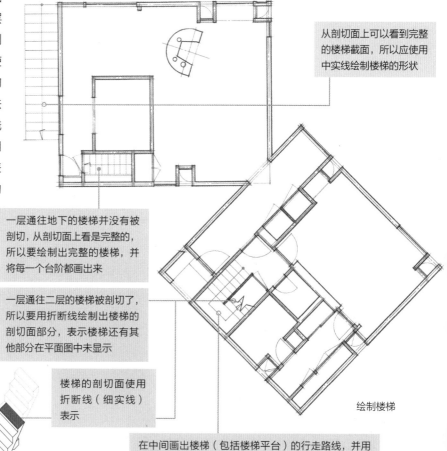

从剖切面上可以看到完整的楼梯截面，所以应使用中实线绘制楼梯的形状

一层通往地下的楼梯并没有被剖切，从剖切面上看是完整的，所以要绘制出完整的楼梯，并将每一个台阶都画出来

一层通往二层的楼梯被剖切了，所以要用折断线绘制出楼梯的剖切面部分，表示楼梯还有其他部分在平面图中未显示

楼梯的剖切面使用折断线（细实线）表示

绘制楼梯

将楼梯剖切后的示意图

在中间画出楼梯（包括楼梯平台）的行走路线，并用箭头表示向上行进的方向，同时在一层的起始点处画一个"○"作标记

8. 绘制剖切面上的可见物（家具、机器设备等）

接下来我们将从剖切面上看到的物体绘制到平面图中，例如，厨房中的橱柜、洗手间中的洗手池以及房间里的各种家具等。

楼梯平台：

在每个楼梯中间有一个较平坦、宽敞的平台，具有切换上下楼方向、中途休息、防止危险发生的作用。

机器设备：

一般指洗手间、厨房内的各种设施及其附属机器，还包括空调、照明灯等电器。

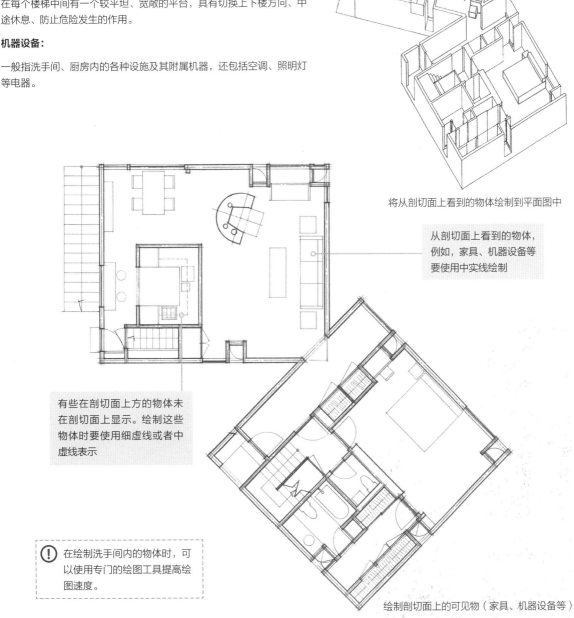

将从剖切面上看到的物体绘制到平面图中

从剖切面上看到的物体，例如，家具、机器设备等要使用中实线绘制

有些在剖切面上方的物体未在剖切面上显示。绘制这些物体时要使用细虚线或者中虚线表示

ⓘ 在绘制洗手间内的物体时，可以使用专门的绘图工具提高绘图速度。

绘制剖切面上的可见物（家具、机器设备等）

9. 标注房间名称

在平面图上标注每个房间的名称能让视图更加清晰、易懂。在图纸上写字时，首先用辅助线绘制一条横线，标注出文字所在的位置，然后将文字工整地写在横线上。

图纸中的文字高度为3~5毫米，且文字不能和图纸中的其他内容重叠

房间名称最好使用相同的字体、字号，书写要工整

标注房间名称

费舍尔住宅的客厅和壁炉后面的餐厅

10. 加入尺寸、方位、视图标题

文字和标记也是视图非常重要的一部分，例如，"一层平面图"这样的标题以及比例尺、尺寸、方位等的标注。在进行这些标注时，要考虑整张图纸的布局，标注在适合的位置。

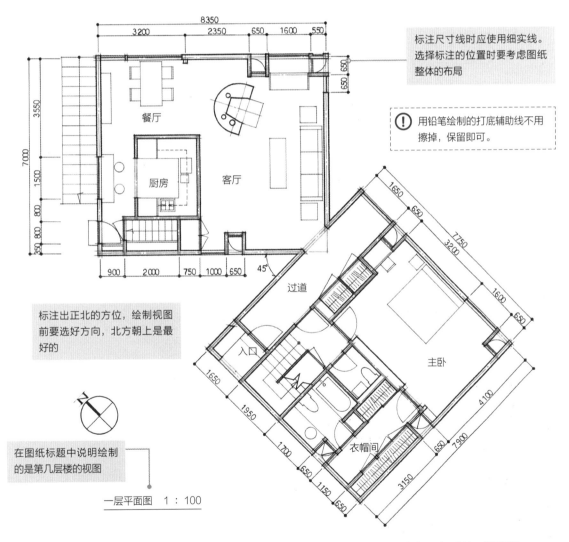

标注尺寸线时应使用细实线。选择标注的位置时要考虑图纸整体的布局

(!) 用铅笔绘制的打底辅助线不用擦掉，保留即可。

标注出正北的方位，绘制视图前要选好方向，北方朝上是最好的

在图纸标题中说明绘制的是第几层楼的视图

一层平面图　1：100

加入尺寸、方位、视图标题

11. 图纸上墨一

在给图纸上墨的时候，应使用墨水笔沿着之前画好的铅笔线，将所有的线条都临摹下来，线条的粗细、虚实等都要一致。等墨水干透以后，再小心地将铅笔画的辅助线都擦掉。

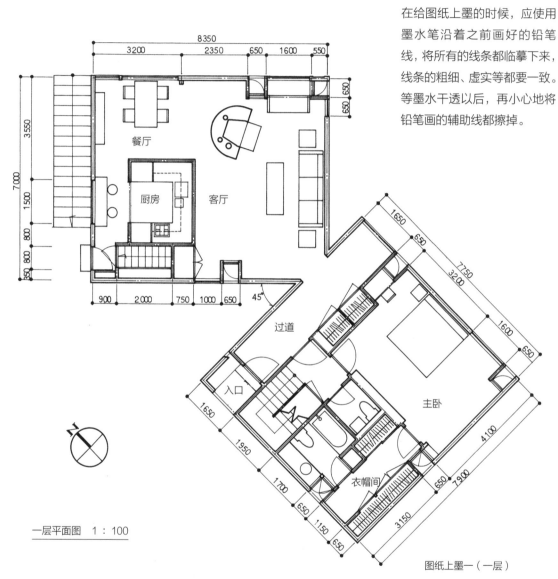

一层平面图　1：100

图纸上墨一（一层）

从一层的门厅入口看客厅

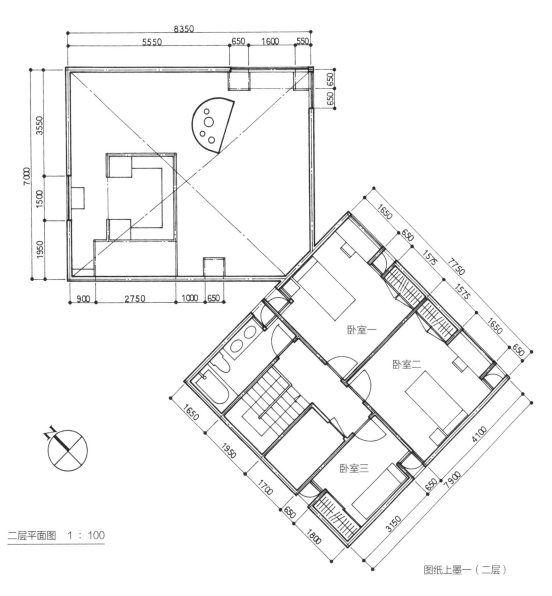

二层平面图 1：100

图纸上墨一（二层）

二层卧室

上墨：

制图过程中使用墨水笔对线条进行临摹时，通常需要使用不同粗细的制图专用墨水笔。

12. 图纸上墨二

地下室墙壁外面都是石头，将石头部分用颜色填满，以表现墙壁外面都是实心的，并体现出与一、二层墙壁的区别。

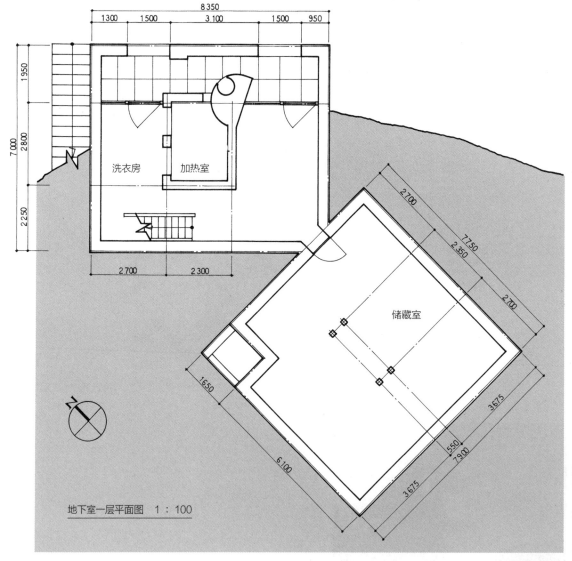

地下室一层平面图　1：100

图纸上墨二

费舍尔住宅平面图——
客厅方块和卧室方块

从平面图看费舍尔住宅是由两个正方形组合而成的，平面结构较简单。其中一个正方形被布置成客厅，可以让家人们坐在一起享受美妙的时光；另一个正方形则被设计成更注重个人隐私的卧室。路易斯·康把这两个正方形叫作"客厅方块"和"卧室方块"。对建筑物和房间等进行整体设计、功能划分是建筑规划的第一步。

平面图的作用就是将设计中的墙壁和各种开口部分的位置、朝向等都表示出来。费舍尔住宅里的两个

方块与常见住宅的结构不同，不是并排排列，而是呈45°交叉排列。为了让屋主人在两个方块内部都能看到周围美丽的山川、园林景色，设计师在两个方块的墙壁上都开了很大的窗户，且两个方块的朝向不同，从窗户里看到的景色也就各异。

同时，平面图还应该表现出房间的大小、性质以及房间与房间之间的关系。即使不看图纸上标注的房间名称，通过观察房间内门、窗的位置，以及房间内的设备、家电和家具布置就能知道这个房间的用途。假设在这个房子里住一天，人的活动轨迹是怎样的呢？是如何在各个房间内行动的呢？我们从平面图上就可以想象出来。

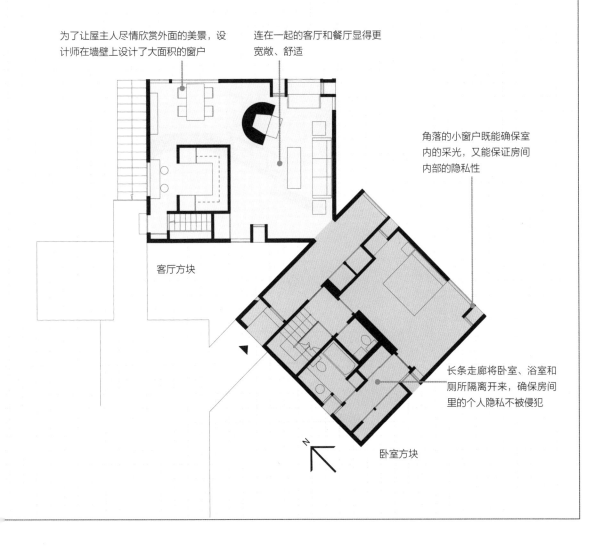

为了让屋主人尽情欣赏外面的美景，设计师在墙壁上设计了大面积的窗户

连在一起的客厅和餐厅显得更宽敞、舒适

角落的小窗户既能确保室内的采光，又能保证房间内部的隐私性

长条走廊将卧室、浴室和厕所隔离开来，确保房间里的个人隐私不被侵犯

客厅方块

卧室方块

第三节　剖面图

一、什么是剖面图

所谓剖面图，顾名思义就是人为地从竖直方向将建筑物进行切割，从该剖切面观察并将断面内部的空间构造表现出来的一种基本视图。

如果说平面图是将建筑物在水平面上的构成表现出来的视图，那么剖面图则是将建筑物在空间高度上的构成表现出来的视图。剖面图能在制图设计中发挥巨大的作用，是一种基本视图，也是基本视图中最容易出错的，请务必牢记剖面图的概念和制图方法。

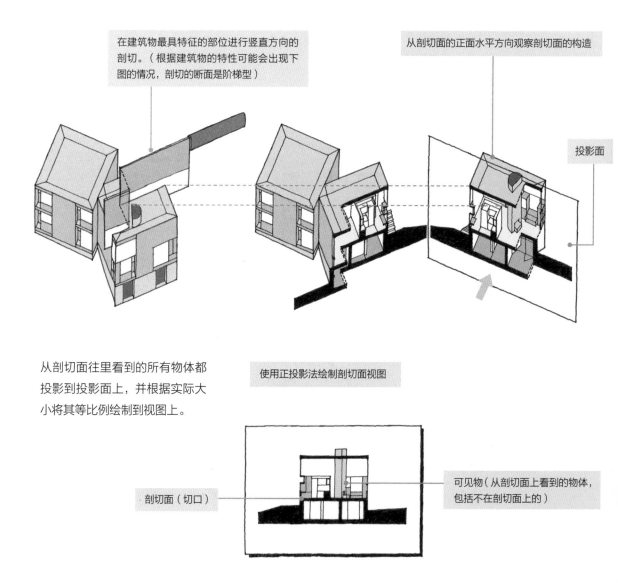

在建筑物最具特征的部位进行竖直方向的剖切。（根据建筑物的特性可能会出现下图的情况，剖切的断面是阶梯型）

从剖切面的正面水平方向观察剖切面的构造

投影面

从剖切面往里看到的所有物体都投影到投影面上，并根据实际大小将其等比例绘制到视图上。

使用正投影法绘制剖切面视图

剖切面（切口）

可见物（从剖切面上看到的物体，包括不在剖切面上的）

注：先从临摹身边的剖面图开始，逐渐理解剖面图的概念和绘制方法。

下面让我们试着来画一下费舍尔住宅的各种剖切面的剖面图吧！

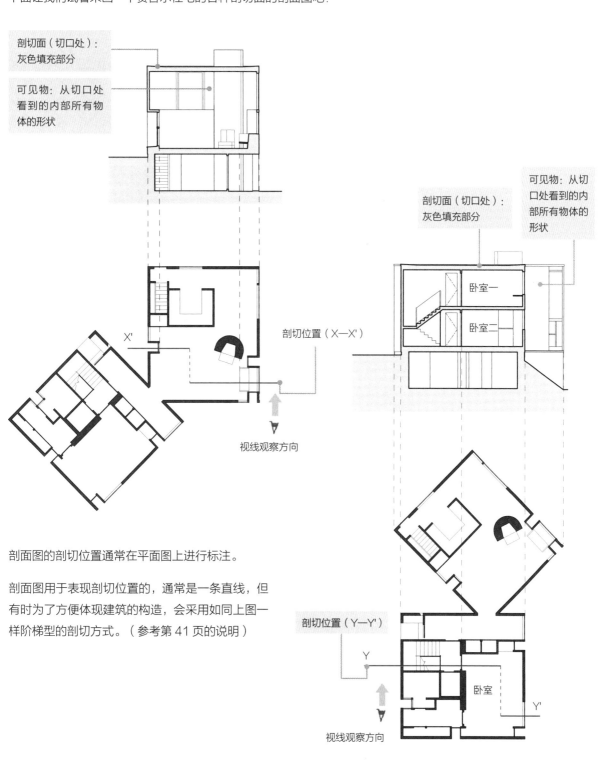

剖切面（切口处）：
灰色填充部分

可见物：从切口处
看到的内部所有物
体的形状

可见物：从切
口处看到的内
部所有物体的
形状

剖切面（切口处）：
灰色填充部分

卧室一

卧室二

X'

剖切位置（X—X'）

视线观察方向

剖切位置（Y—Y'）

Y

卧室

Y'

视线观察方向

剖面图的剖切位置通常在平面图上进行标注。

剖面图用于表现剖切位置的，通常是一条直线，但
有时为了方便体现建筑的构造，会采用如同上图一
样阶梯型的剖切方式。（参考第41页的说明）

二、剖面图制图——线条的含义

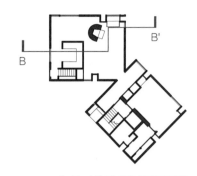

首先我们来学习绘制费舍尔住宅客厅方块的剖面图。我们需要在平面图上画出剖面图的剖切线（标注剖切位置的线），然后将标注后的平面图放在绘制剖面图图纸的上方，方便我们随时确认剖切面的具体位置和从剖切面上看到什么物体等。一边对照平面图，一边绘制剖面图。

标明了剖切位置的简易平面图

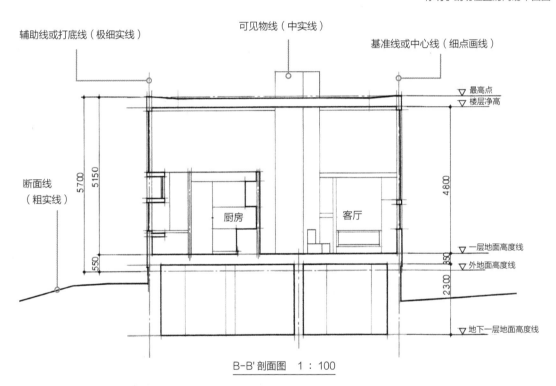

B-B' 剖面图　1：100

按线条的粗细分类：

极细线（0.1毫米以下） ————————

辅助线（为了让主线的描绘更清晰而先绘制必要的打底线）

细线（0.1毫米） ————————

基准线或中心线、尺寸线、剖面线、接缝线、木纹线、折断线、开门线等。

中线（0.2~0.4毫米） ————————

可见物线等。

粗线（0.5~0.8毫米） ————————

断面边界线。

线条的使用规范：

实线 ————————

可见物线、尺寸线、断面边界线等。

虚实线 — — — —

隐藏线。

虚线 - - - - - - - - - -

想象线、移动线。

点画线（双点画线） —·—·—

基准线或中心线、贯通线。

三、剖面图的制图步骤

1. 基准线绘制

首先从绘制基准线开始。在开始绘图之前要先考虑图纸的布局，剖面图的位置、大小等。

对剖面图来说，最重要的是垂直方向上的基准线。首先绘制最基本的基准线，包括外地面高度线（GL）、一层地面高度线（1FL）和建筑最高点线等。基准线的高度位置可以参考下图。

GL：
Ground Line 的缩写，指建筑物所处地块的地面高度，是其他高度线的参考基准。在地面不平、有坡度的情况下，一般采用地面的平均高度作为地面高度的标准。

FL：
Floor Line 的缩写，用于指代各个楼层地面的高度。FL 前面加上楼层数则表示该楼层的地面高度，例如，1FL、2FL 等。

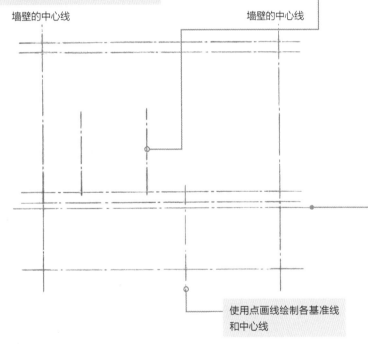

确定外地面高度线的位置，并绘制打底辅助线

通过测量和外地面高度线的距离确定其他主要高度线的位置，并绘制打底辅助线。确定剖切面内墙中心线的位置，并绘制打底辅助线

确定剖切面处外墙中心线的位置，并绘制打底辅助线

墙壁的中心线

墙壁的中心线

使用点画线绘制各基准线和中心线

▼最高点线

CH 楼层净高

▼2FL 二层地面高度线

楼层高 CH 楼层净高

▼1FL 一层地面高度线

▼GL 外地面高度线（外地面的高度是整体高度的参考基准）

▼BFL 地下一层地面高度线

CH：
Ceiling Height 的缩写，指楼层地面和天花板之间的高度差。

楼层高：
指楼层地面和上一个楼层地面之间的高度差。与 CH 的含义不同。

最高点线：
建筑物的最高点和外地面高度线之间的高度差。

2. 绘制墙壁和地板（剖切面部分）的厚度打底辅助线

绘制剖面图墙壁厚度的方法和平面图一样，让我们先来学习绘制厚度的辅助线吧！中心线作为墙壁的中心，将墙壁的厚度分成了均等的两份，我们只需要在中心线两侧绘制等宽的厚度辅助线。同时参照上一步骤绘制的各条高度的基准线，画出地面和天花板的辅助线。

中心线将厚度为 150 毫米的外墙分为了两份，因此我们要在中心线两侧画上距离一样的两条打底辅助线。将需要的部分用辅助线重新描绘一遍

其他部分（如内墙和建筑物外部地形等）也用辅助线绘制出打底线

绘制墙壁和地板（剖切面部分）的厚度打底辅助线

因为是打底用的辅助线，所以在实际绘制的过程中使用极细的线条，能看清就行。

费舍尔住宅建造在一个非水平的斜坡地块上，不同部分的建筑物与外侧地面接触的高度线不同。绘制本剖面图时，采用住宅入口处的地面高度作为 GL 的参考。

3. 开口部分的位置标注

从费舍尔住宅的厨房看向餐厅

在墙壁上标注各个开口部分的位置。可以参考本书的剖面图，测量剖面图上的位置、尺寸来绘制。

除了开口位置，我们还要学习绘制剖切面上的其他物体（本剖面图需要绘制厨房里的橱柜等），并用辅助线画到图纸上。

> 参照下方的剖面图示例，在上一个步骤中画出的墙壁上用辅助线标注出各个开口部位的位置，可测量示例图获得各开口位置的高度。在确定了基线之后，其他位置的高度需通过测量它们和基线的距离来确定。房间内的隔断墙高度没有天花板高，因此高度也需要标注在剖面图上。测量出隔断墙的高度后，使用辅助线绘制在图纸上

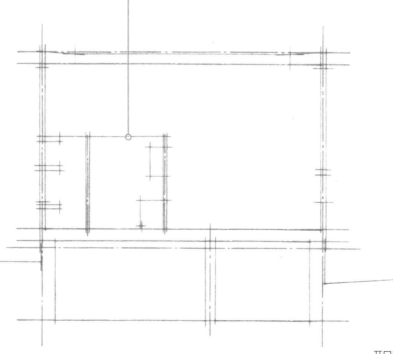

开口部分的位置标注

隔断墙：

将房间分隔成若干部分的墙体，通常不作为建筑物的承重墙。

4. 墙壁和地板（剖切面部分）描线

顺着之前的步骤画出墙壁厚度和各开口位置的辅助线，进行墙壁和地板（剖切面部分）部分的线条描绘工作。

为了强调剖切面部分，有时会采用将部分断面全部涂色，或者打阴影线的方式。

在前两个步骤绘制的辅助线的基础上，用粗实线将被剖切面截断的墙壁部分清晰地描绘出来。地板同样被剖切面截断了，也需要用粗实线描绘。建筑物和地面的断面是连接在一起的，所以绘制断面线时也要连在一起

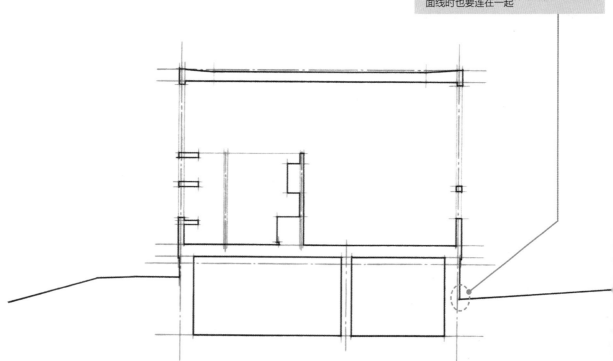

墙壁和地板（剖切面部分）描线

5. 窗户和门的绘制

住宅东北侧的窗户

接下来我们来绘制开口部分的窗户和门。用中实线清晰地描绘出剖切面上的门和窗玻璃，同时从剖切面上看到的窗框也要用中实线描绘。请参照第 56 页门窗标志的制图方法进行绘制。

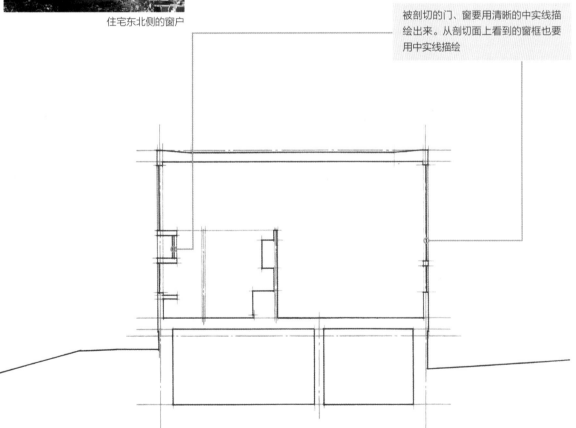

被剖切的门、窗要用清晰的中实线描绘出来。从剖切面上看到的窗框也要用中实线描绘

窗户和门的绘制

6. 可见物的绘制

接下来我们来绘制从剖切面往里看到的可见物,如家具、机器设备等。
标注出剖切面上墙壁的各开口部分能将房间的样子更好地传递给他人,
但有些构造较复杂的建筑物可能会出现剖切面上的开口部分和可见物
重叠的情况,如果把开口部分和可见物全部绘制出来,反而会让视图
变复杂难懂,因此,可以优先绘制离剖切面近的物体。

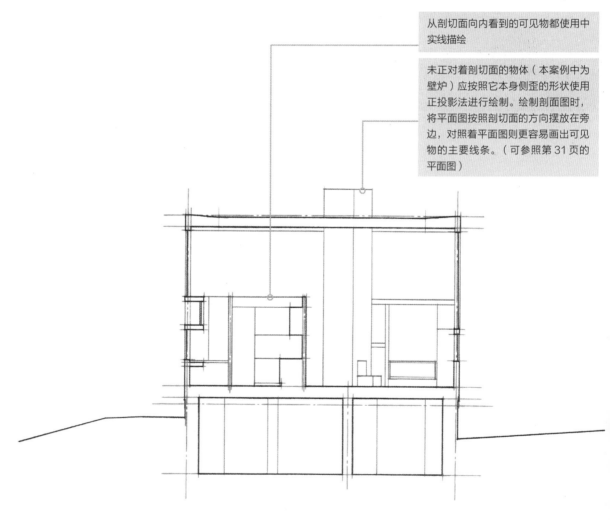

从剖切面向内看到的可见物都使用中实线描绘

未正对着剖切面的物体(本案例中为壁炉)应按照它本身侧歪的形状使用正投影法进行绘制。绘制剖面图时,将平面图按照剖切面的方向摆放在旁边,对照着平面图则更容易画出可见物的主要线条。(可参照第 31 页的平面图)

可见物的绘制

7. 加入文字、标记、尺寸

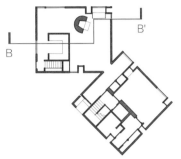

标明了剖切位置的简易平面图

和平面图一样，我们应在剖面图中添加"B-B'剖面图"的视图标题和使用的比例尺大小等文字。剖切位置（剖切线）虽然已经在平面图上标注过了，但为了让剖面图更易懂，可以在剖面图图纸的下方画一个简易的标明剖切位置的平面图，以便让人快速了解剖切位置。

在剖面图中添加房间名称等文字时，应先确定文字的位置，然后用辅助线画出位置线条，沿着线条工整地写下文字。

添加房间名称时，为了确保文字不会遮挡图纸上的其他线条，应先使用辅助线在要添加文字的位置画上指引线，然后沿着指引线写下房间名。

用细实线绘制出尺寸标注线，务必标出主要位置的高度

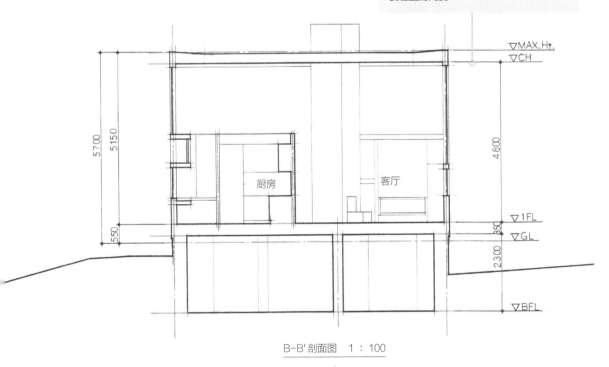

B-B'剖面图 1：100

简易平面图：
将建筑物主要部分的大概形状和所处位置展示出来的平面图。

添加剖切位置的视图标题能让剖面图更简单易懂，必须标注出比例尺大小。剖面图不需要标注方位

8. 视图上墨

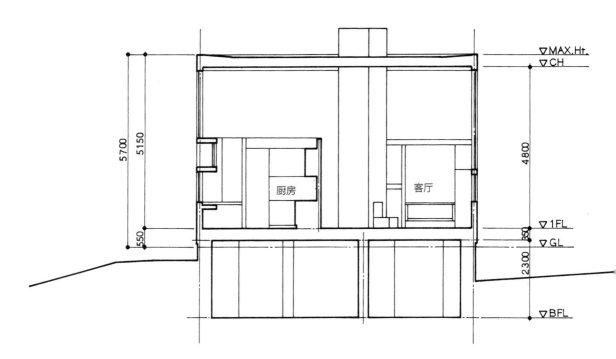

B-B' 剖面图　1：100

9. 绘制剖面图的重点——确定剖切面的位置

确定剖面图的断面位置时，最重要的一点是思考哪一部分最能体现建筑物的特征，如何选择断面位置才能将这部分特征表现出来。如果选错了断面位置，可能会让人难以理解剖面图要传递的信息。

在选择断面位置时要注意以下两点：

（1）剖切面不能截断类似柱子（如费舍尔住宅中的壁炉）等存在于房间中的物体，也不能沿着墙壁线剖切。

（2）为了更好地表现各个房间之间的关系以及建筑物内外的情况，要尽量让剖切线经过墙壁上的开口部分。

注：将剖面图的剖切位置标注在简易平面图上。

平面图上的剖切面要和剖面图的观察方向一致，剖切线上的箭头代表视线观察的方向。（剖切线的绘制可以参考第57页）

同时，为了表现建筑物空间上的特征，有时我们会选择与普通直线型剖切面不同的阶梯型剖切面，这点大家要记住。

错误的断面位置示例：

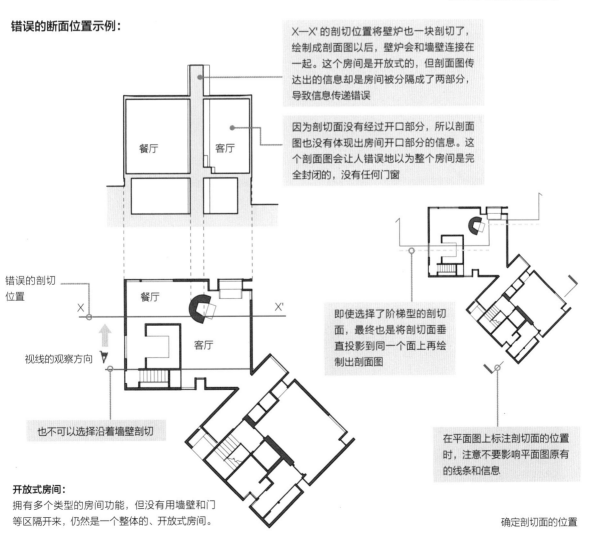

X—X' 的剖切位置将壁炉也一块剖切了，绘制成剖面图以后，壁炉会和墙壁连接在一起。这个房间是开放式的，但剖面图传达出的信息却是房间被分隔成了两部分，导致信息传递错误

因为剖切面没有经过开口部分，所以剖面图也没有体现出房间开口部分的信息。这个剖面图会让人错误地以为整个房间是完全封闭的，没有任何门窗

餐厅　客厅

错误的剖切位置

X　餐厅　X'

视线的观察方向　客厅

即使选择了阶梯型的剖切面，最终也是将剖切面垂直投影到同一个面上再绘制出剖面图

也不可以选择沿着墙壁剖切

在平面图上标注剖切面的位置时，注意不要影响平面图原有的线条和信息

开放式房间：
拥有多个类型的房间功能，但没有用墙壁和门等区隔开来，仍然是一个整体的、开放式房间。

确定剖切面的位置

费舍尔住宅剖面图——
可以看风景的窗户和通风的窗户

首先，通过剖面图中费舍尔住宅地面的曲线，我们可以知道周围的地形。住宅建造在一个坡地上，建筑物的各部分坐落在山坡的不同高度上，因此不同位置的地面高度线不同。

再来看一下卧室和客厅两个部分的剖面比较图，一起来分析一下它们的室内垂直构成吧！"卧室方块"采用了普通的建筑层高，共有2层楼，二层有两个紧凑的小卧室。而另一边的"客厅方块"则未划分为两层，整体是一个高挑的天花板设计。厨房部分

虽然有小隔断，但也采用了半高的开放式墙壁，整个客厅还是"一个房间"。从剖面图上我们能看出主要承担休息功能的卧室和将人们聚集在一起聊天、享乐的客厅之间的房间"性格差异"。

从外面观察建筑物会发现它的窗户分两种：一种是窗户和墙壁外侧平齐；另一种窗户则相对墙壁外侧向内凹，缩在墙壁里面。我把费舍尔住宅的这两种窗户叫作"看风景的窗户"和"通风的窗户"。前者是和外墙平齐的大面玻璃窗户，透过大窗户可以看到外面的山川、树林等美丽景色，但这类窗户是嵌死在墙壁上的，无法打开。后者主要起室内通风的作用，为了方便开关，采用了小窗户设计，窗户由木头和玻璃组成。同时，为了更好地防止漏雨，小窗户采用了内凹设计，缩在墙壁内侧。

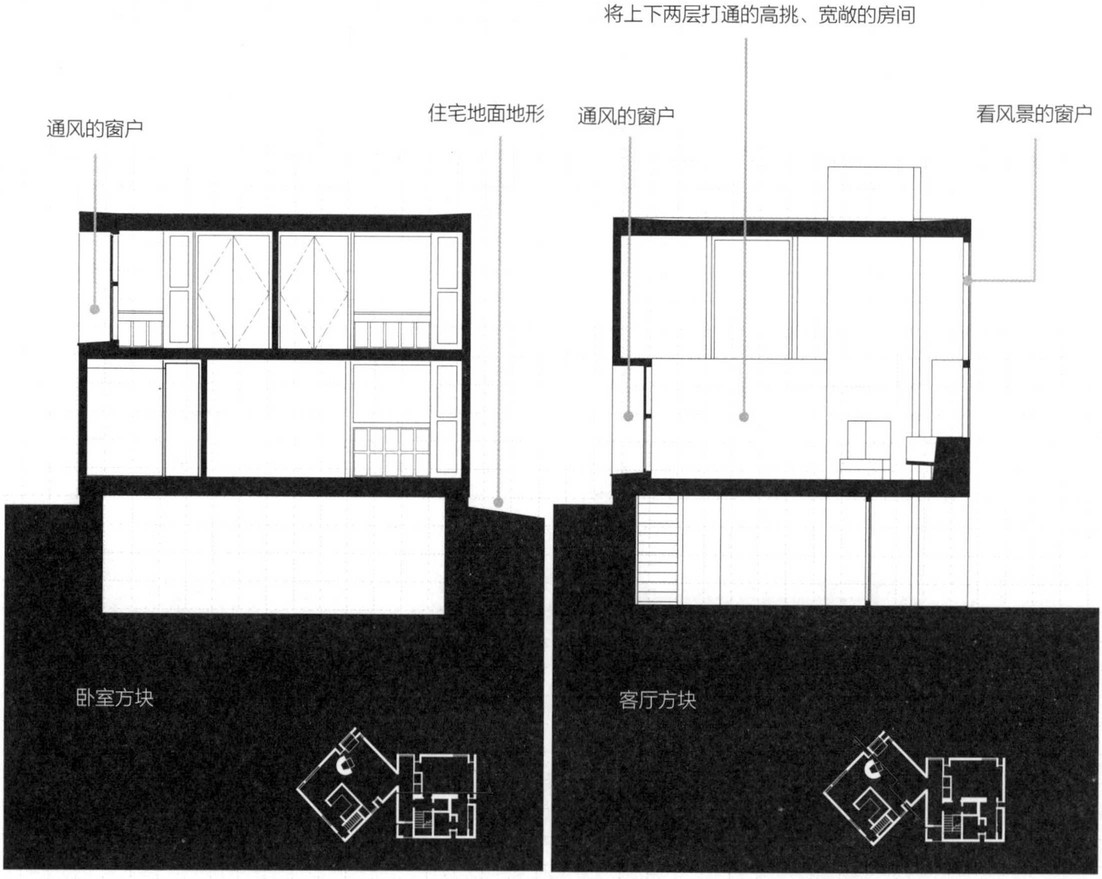

将上下两层打通的高挑、宽敞的房间

通风的窗户　　　　　　　　　　住宅地面地形　　　　通风的窗户　　　　　　　　　　看风景的窗户

卧室方块

客厅方块

看风景的窗户

通风的窗户

上下打通：

将 2 层以上建筑物的天花板打掉，变成上下连通的高挑楼层。

固定门窗：

不能开启的门、窗，如封死的窗户等。详情请参考第 56 页。

防漏雨：

防止雨水渗入建筑物内部的设计方法或者施工手段。

第四节 立面图

一、什么是立面图

立面图是用来表现建筑物的高度、宽度、门窗位置和外部装饰材料等外观信息的建筑视图。剖面图是将建筑物在垂直方向进行剖切，用于表现建筑物内部空间的视图；而立面图则是设计者从建筑外侧对正前方的建筑物进行观察，并使用正投影法将可视面绘制出来的视图。建筑物最重要的外立面叫作主外立面。

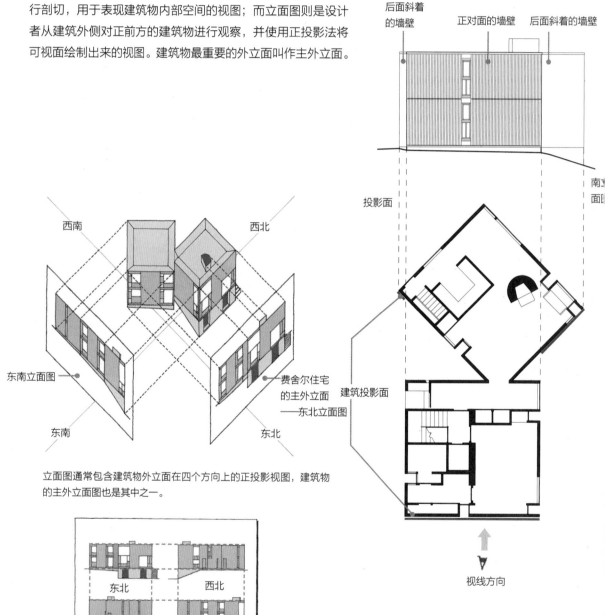

立面图通常包含建筑物外立面在四个方向上的正投影视图，建筑物的主外立面图也是其中之一。

按绕着建筑物一圈的顺序来绘制立面图会更加清晰、易懂，且所有立面图的高度、宽度等都要使用一样的比例尺。

费舍尔住宅的两大楼块之间呈 45° 角交叉，从多个角度观察建筑物整体时，会发现有的墙壁走向与视线方向不一致。在绘制立面图时，这些呈夹角的墙壁也要笔直地投射到投影面上。

二、立面图制图——线条的含义

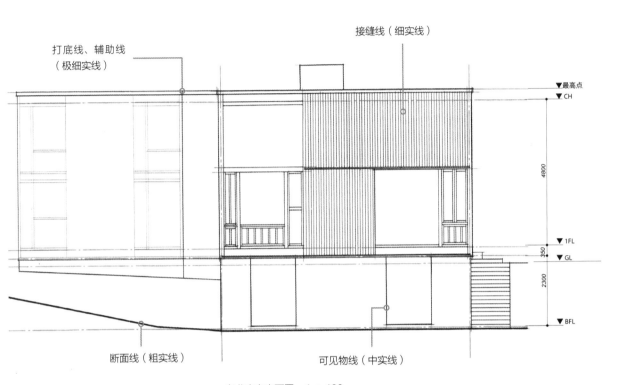

打底线、辅助线（极细实线）

接缝线（细实线）

▼最高点
▼ CH

4800

▼ 1FL
350
▼ GL

2300

▼ BFL

断面线（粗实线）

可见物线（中实线）

东北方向立面图 1：100

按线条的粗细分类：

极细线（0.1毫米以下）

辅助线（为了让主线的描绘更清晰而先绘制必要的打底线）。

细线（0.1毫米）

基准线、中心线、尺寸线、接缝线、木纹线、开门线等。

中线（0.2~0.4毫米）

可见物线等。

粗线（0.5~0.8毫米）

断面线、GL。

线条的使用规范：

实线

可见物线、尺寸线、断面线等。

虚实线

隐藏线。

虚线

想象线、移动线。

点画线（点画线、双点画线）

基准线或中心线、贯通线。

建筑物主外立面：

代表了建筑物的外观形象，指建筑物的主要外立面。

三、立面图的制图步骤

1. 基准线绘制

首先让我们来学习绘制上一页中的立面图吧！立面图和剖面图的制图方法一样，也需要从绘制基准线开始。

立面图中的基准线也是墙壁的中心线，且可以表现墙壁的具体高度。

部分立面图的最终成品图中不会显示基准线，大家可以把基准线当成绘图的参考、辅助，使用辅助线来绘制基准线。

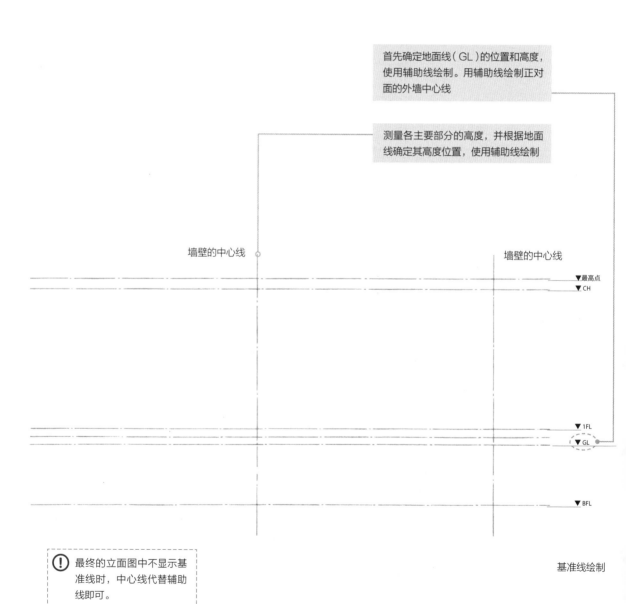

首先确定地面线（GL）的位置和高度，使用辅助线绘制。用辅助线绘制正对面的外墙中心线

测量各主要部分的高度，并根据地面线确定其高度位置，使用辅助线绘制

墙壁的中心线　　　　　　　　　　墙壁的中心线

▼最高点
▼ CH

▼ 1FL
▼ GL

▼ BFL

(!) 最终的立面图中不显示基准线时，中心线代替辅助线即可。

基准线绘制

2. 绘制外轮廓和主要开口部分位置的辅助线

参考上一个步骤绘制的基准线，将建筑物的外轮廓、窗户等开口部分的位置使用辅助线绘制出来。

请参考本页立面图的地形线，使用辅助线绘制出地面的形状。

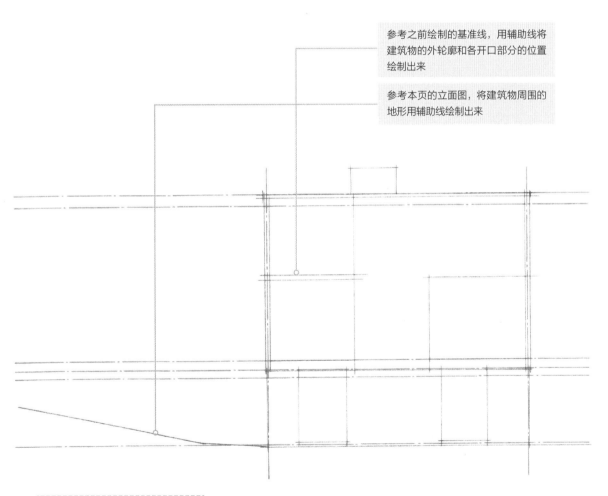

参考之前绘制的基准线，用辅助线将建筑物的外轮廓和各开口部分的位置绘制出来

参考本页的立面图，将建筑物周围的地形用辅助线绘制出来

绘制外轮廓和主要开口部分位置的辅助线

ⓘ 作为打底线的辅助线，只要能勉强看清就可以。

3. 可见物的绘制

立面图中除了地面部分采用了剖切面的线条，其他部分都是外部可见物的绘制。

除了正对着观察面的建筑物，还能看到在该面建筑物后的其他建筑部分（卧室方块），这部分也要用辅助线画出轮廓。

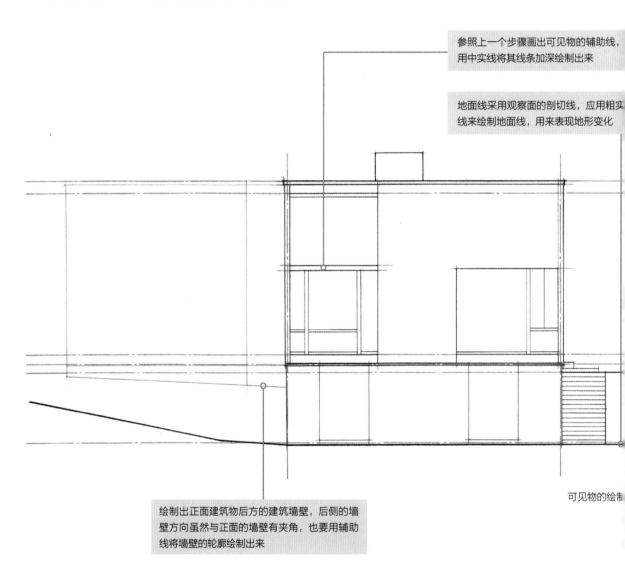

参照上一个步骤画出可见物的辅助线，用中实线将其线条加深绘制出来

地面线采用观察面的剖切线，应用粗实线来绘制地面线，用来表现地形变化

可见物的绘制

绘制出正面建筑物后方的建筑墙壁，后侧的墙壁方向虽然与正面的墙壁有夹角，也要用辅助线将墙壁的轮廓绘制出来

4. 外部装饰材料的表现和文字、标记的添加

最后，我们要将建筑物外部装饰材料的接缝线在立面图中表现出来，并添加图纸标题和比例尺等。

立面图是用于表现建筑物主要墙壁外观的视图，所以在视图标题中一般都会加上观察方位的信息，例如，东北立面图等，方便其他人理解立面图的信息。但对于费舍尔住宅这种外立面较复杂的建筑来说，除了要在标题上添加方位信息，最好还要在图纸上添加能表现立面图绘制方向的简易平面图，这样更有助于立面图的信息传递。

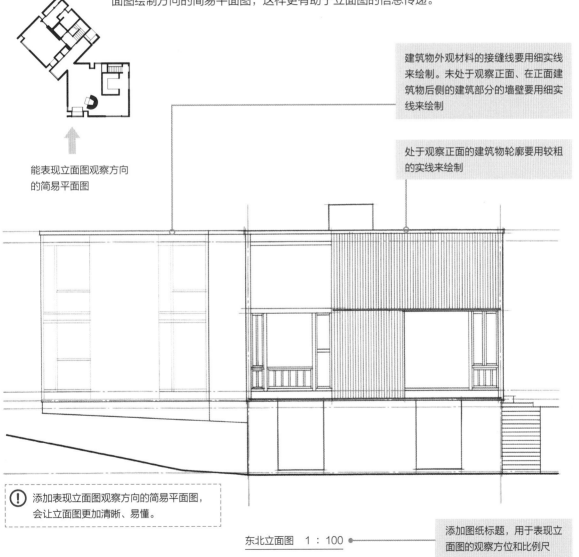

能表现立面图观察方向
的简易平面图

建筑物外观材料的接缝线要用细实线来绘制。未处于观察正面、在正面建筑物后侧的建筑部分的墙壁要用细实线来绘制

处于观察正面的建筑物轮廓要用较粗的实线来绘制

⊘ 添加表现立面图观察方向的简易平面图，
会让立面图更加清晰、易懂。

东北立面图　1：100 ●

添加图纸标题，用于表现立面图的观察方位和比例尺

外部装饰材料的表现和文字、标记的添加

接缝线：

建筑材料之间的缝隙、接缝和连接部分等。

5. 立面图上墨

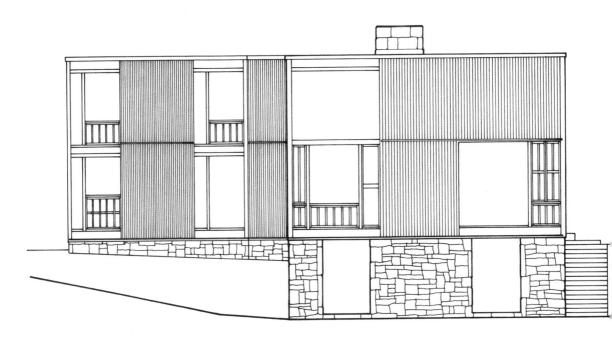

东北立面图　1：100

立面图上墨

忠实地体现建筑材料的本质

从费舍尔住宅的外立面图中，我们能体会到设计师明快的设计思想。费舍尔住宅平面图中被我们称为"方块"的四方形建筑，在立面图中能体现出其建筑材料的本质。我们能看出它是由石制的底层结构再加上木制的楼层构建而成的。在立面图中会绘制各种材料的材质，因此立面图不仅能表现建筑物的外形信息，还能表现外部建筑材料的具体材质。

同时，费舍尔住宅中的每一面墙壁上都有大小不同的窗户，通过立面图能表现出窗户所在的位置。包括立面图在内的所有基本视图都采用正投影法来绘制，因此无论是"看风景的窗户"还是"通风的窗户"，虽然它们所处的位置、角度不同，但都会被投影到同一个平面上，再绘制到视图中。

从东北侧看费舍尔住宅

为了在立面图中体现窗户的差异性，强调"通风的窗户"向墙壁内侧凹进的特性，在绘制"通风的窗户"时，应在窗户周边增加阴影、线条层次等细节（参照第三章）。

看风景的窗户

一层、二层都是使用木头建造的

采用石头建造的地下一层

通风的窗户

东北立面图　1：100

第五节　总平面图

一、什么是总平面图

从第一节的概述到第四节的立面图，我们学会了平面图、剖面图、立面图这三种基本视图的制图方法。总平面图是基本视图的一个变种。

建筑物不可能建造在一个空无一物的地方，能表现出建筑物周围环境的视图也是很重要的。在一个平面上将建筑物周围的环境、地形等信息表达出来的视图，叫作"总平面图"。一般情况，总平面图是从正上方对建筑物和周围环境进行观察，并将之绘制到图纸上。此时需绘制建筑物的屋顶俯视图及周边的道路、其他建筑的外轮廓和树木等宅基地的周边环境。同时，在总平面图中方位标注是必不可少的。

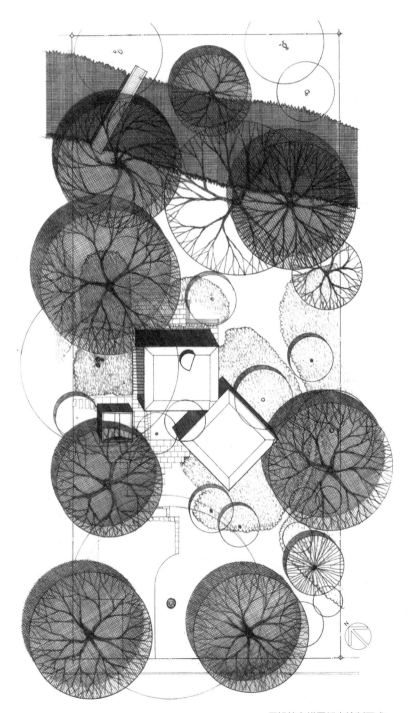

用铅笔在描图纸中绘制而成

二、表现平面图中的坡度信息——等高线

等高线

等高线是在平面图和总平面图中通过线条来表现地形高低差异的线条集合体。将图纸上处于同一个高度的点连接起来组成一条线，并以某一个高度点作为基点"0"，标注出其他位置的高度，同时设定一个固定的高度差（下图以500毫米作为固定高度差）作为等高线间距标准。等高线之间的距离越大，则代表地形的变化越平缓。与此相反，等高线间的距离越小，则代表地形的变化越陡峭。

等高线模型的制作方法

如果实际地形上的等高线间距为500毫米，绘制到等高线模型上时使用了1：50的比例尺，那么在等高线模型上用1厘米厚的板子就可以代表一个等高线间距。将不同高度的板子如同台阶一样堆积在一起，就能做出等高线模型了。

选择越小的等高线间距，则要使用越薄的板子，同时也能更详细地表现出高度上的变化。使用的板子数量越多，模型的作业量就会越大。

在制作等高线模型时，要根据实际地形的变化情况选择合适的等高线间距。这是制作模型的第一步，需要充分考虑后再决定。

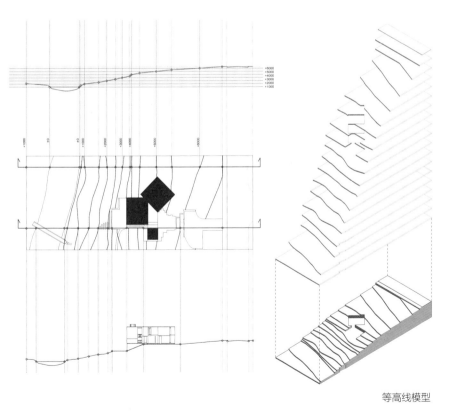

等高线：

在平面图或者总平面图上将处于相同高度的点连接而成的线。等高线用于表现地形的高低起伏情况。

模型：

使用纸或者木材等材料制作出三维的建筑物模型。在设计过程中为了确定形状和构造等而制作的学习模型以及向人们展示的成品模型等，都属于模型的范畴。

等高线模型

三、总平面图的各种表现形式

根据总平面图中需要特殊强调的部分，有很多种总平面图的绘图方式。为了让建筑物室内外的关系更加清晰明了，可以采用下图的表现手法，将原有的屋顶俯视图替换成平面图（基本上会采用一层平面图），我们把这种视图叫作总平面图。

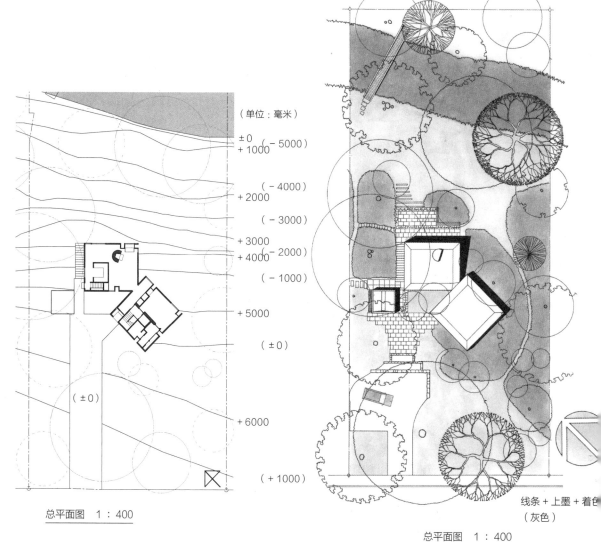

（单位：毫米）

±0 （－5000）
＋1000

（－4000）
＋2000

（－3000）

＋3000
＋4000　（－2000）

（－1000）

＋5000

（±0）

（±0）

＋6000

（＋1000）

总平面图　1：400

线条＋上墨＋着色
（灰色）

总平面图　1：400

费舍尔住宅总平面图——

树林中的家

费舍尔住宅周围的地理环境对住宅的设计风格影响巨大。宅基地周围是有着葱葱郁郁树林的斜坡，附近有一条小溪缓缓流过，自然环境优美。住宅的设计可以最大限度地利用已有的自然环境优势。宅基地的位置看起来好像离道路挺远，但实际上住宅距离南、北两侧的邻地并不是很远，可以透过林子看到邻居家的房子。路易斯·康非常注重房子窗户的设置，在其巧妙设计下，既能透过窗户欣赏到满院美丽的自然景色，又能保障室内环境的隐秘性。

虽然费舍尔住宅的设计非常精美，但如果它处在不合适的环境下，例如，将它建造于繁华的都市住宅区中，则不会成为一所如此备受推崇的著名住宅。建筑物不是一个独立的物体，它需要建造在一片土地之上，如果无视土地环境带来的影响，那么肯定做不出好的设计。为了深入了解每个宅基地周围的环境情况，就需要总平面图的帮助，因此总平面图是一种很重要的视图。

从小河的对岸看费舍尔住宅

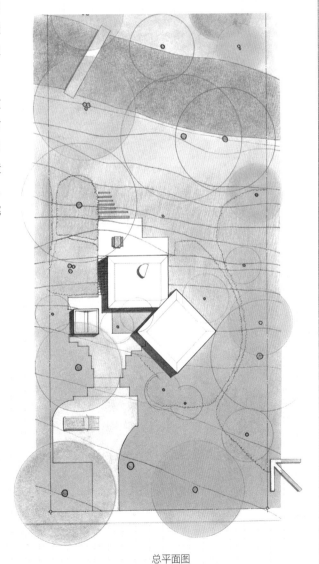

总平面图

第六节　标记

一、门窗的标记

门的标记样式

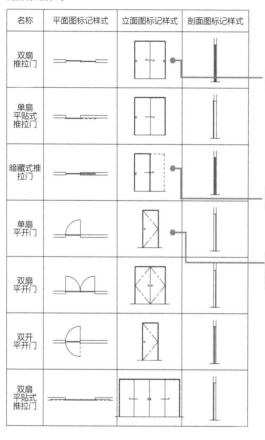

名称	平面图标记样式	立面图标记样式	剖面图标记样式
双扇推拉门			
单扇平贴式推拉门			
暗藏式推拉门			
单扇平开门			
双扇平开门			
双开平开门			
双扇平贴式推拉门			

沿着门的推拉方向加入箭头指示

暗藏式推拉门的移动轨迹要用虚线来表示

立面图中门的合页打开方向用点画线表示，注意合页的位置、打开的方向

窗户的标记样式

名称	平面图标记样式	立面图标记样式	剖面图标记样式
双扇推拉窗			
单扇推拉窗			
固定窗			
单扇平开窗			
双扇平开窗			
上悬窗			
立转窗			

虽然这两种窗户的平面图、剖面图的标记样式一样，但它们的打开方式和构造不同

二、说明文字和方位也要仔细标记上

视图作为一种传递设计者想法、与他人沟通的工具，简单易懂是一个重要指标。因此，在图纸上标注出比例尺的大小、介绍绘制的是哪个部分的视图等说明文字也是视图不可缺少的一部分，而且务必在一层平面图和总平面图中标记方位。

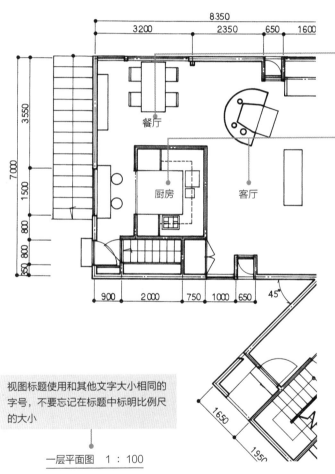

在视图中加入文字描述时，首先要用辅助线画出水平指引线，且线条不能和视图上的其他线条交叉，然后在辅助线上方工整地写上文字

添加多个文字说明时，要尽可能地将文字放在一条水平线上，并注意视图整体的布局

视图标题使用和其他文字大小相同的字号，不要忘记在标题中标明比例尺的大小

一层平面图　　1：100

方位和比例尺也有很多不同的表示方法，应考虑视图整体的布局，选择适合的标记样式。

方位标记：平面图、总平面图、模型中要加入方位标记，但在立面图和剖面图中不需要。

剖切面标记

三、让视图更具立体感、生动性的小道具——人物、车辆点缀

为了表现出建筑物周围环境和空间的大小，需要在建筑物周边和内部添加树木、汽车、人物等小道具，让空间的大小变得更具体。这些点缀旨在体现周围空间和建筑物本身的规模大小，因此在绘制的时候要特别注意它们的大小和比例，并与视图本身的比例尺一致。因为建筑物是图纸上的主角，所以要选择适合当前视图的点缀物，并且点缀物的数量要适度。

人物的绘制方法

首先确定好人物基本的身体比例，然后再根据这个比例绘制各种不同姿势的人物。

S=1：100 的人物

S=1：50 的人物

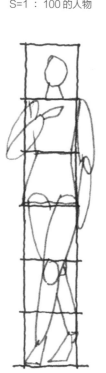

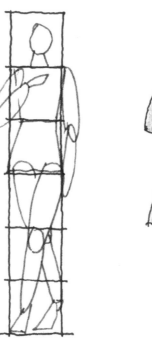

（280毫米×280毫米的方格）

S=1：20 的人物

汽车的绘制方法

第一步，用辅助线画出方形格子，横向 7 排格子，纵向 2 排格子

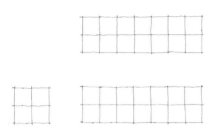

立面图最下方的线条是地面的断面线

第二步，在方格中画出汽车轮胎的模样

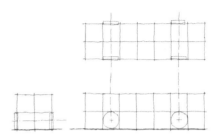

汽车轮胎要画得比一个方格稍小一点点

第三步，画出汽车的外形

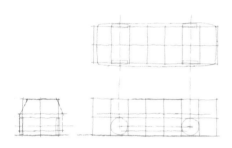

画汽车的外形时，注意外壳要包裹着轮胎

第四步，根据车辆类型调整车子的外形，车辆外形整体要比格子小一些。可根据自己的喜好设计不同的车辆

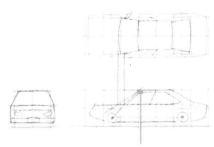

从前轮胎中心到车子上部的这个点的连接线是车辆的承力支柱

第五步，接着补充、绘制车辆的细节

完成后，俯视图不显示汽车的轮胎

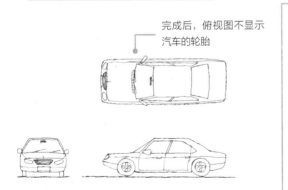

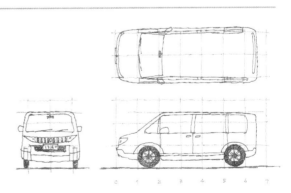

如果大家能够画不同类型的车辆，会让制图变得更加方便

规模大小：
通过比例尺能体现出一个物体从原始大小缩小到多少分之一。

格子：
相同大小的格子主要是为了方便大家控制物体各部分比例的平衡性，辅助画出比例正确的图。

四、让视图更具立体感、生动性的小道具——树木

1. 树木点缀一

树木的绘制方法

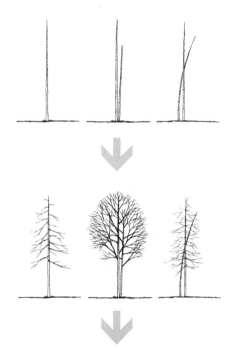

树木也是用来表现建筑物外部环境的重要道具。树木有很多种类，树木的绘制方法也多种多样。我们应挑选适合自己视图的树木种类，画出更具有表现力的树木图形，因此我们每天应多加练习，熟练掌握各种树木的绘制方法。

从俯视角度绘制不同类型的树木图形，用在平面图和总平面图中

首先画出树木的树干，接着画较大的枝条，然后画出小枝条，最后再画上树叶。画树木的时候，要注意树干要细长，树叶数量要适度，不要太多

不同种类的树木图形

树木的各种表现形式

具象　　　　　　　　　　　　　　　　抽象　　　　记号

平面图

具象　　　　　　　　　　　　　　　　抽象　　　　记号

立面图

注：同一棵树也有很多不同的画法和表现形式，在制图的时候我们应考虑哪一种最适合自己。

2. 树木点缀二

立面图的树木绘制方法

树干不要画得太粗，应细长一些。根部最粗，越往尖端越细

先确定枝干整体的形状，树形大体上呈扇形，所有枝干都朝上伸展

沿着树干画出所有枝干。可以观察并参考树木的枝条生长方式，画出来的图会更真实

接着在枝干上画上小枝条。有时候成品树木也会采用这种程度的图形

在小枝条上补充更多、更细的枝条和树叶。树冠的整体形状可以是圆形，也可以是椭圆形

写实派的树木绘制方法

画出树干，不需要画地面线

枝干的整体分布：以树干为圆心，向四面八方伸展出去，不只朝上，各个方向都有

画出枝干，其特点是有的枝干朝下方延伸

画出小枝条

最后画出树叶。树干周围要长满枝条和树叶，才能体现出树木的茂密

写实派视图的点缀——树木、人物和汽车

树木、人物和汽车的绘制

五、让视图更具立体感、生动性的小道具——家具

1. 家具的大小

在建筑物视图中画上各式家具能让房间的格局更加一目了然，在绘制的时候大家一定要注意家具的尺寸，尺寸对效果的影响很大。首先我们应了解各种家具的实际尺寸，然后按照正确的比例将其绘制到图纸中。下图以费舍尔住宅中的家具为范例给大家做演示。

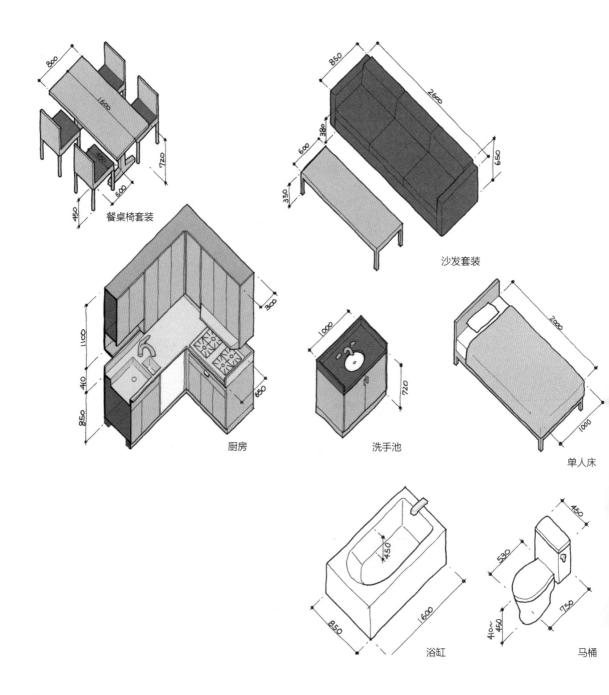

餐桌椅套装

沙发套装

厨房

洗手池

单人床

浴缸

马桶

2. 材料质地

材料质地该如何表现?

材料质地是指物体表面的质感或者物体是由什么材料制成的。在视图中加入适度的材质描绘有助于表现房间的大小和性质(例如,客厅和卧室常用木地板,而厕所多用瓷砖)。下面给大家介绍一下如何在平面图中表现物体的材质。大家可以尝试将材质的画法应用到立面图和剖面图中。

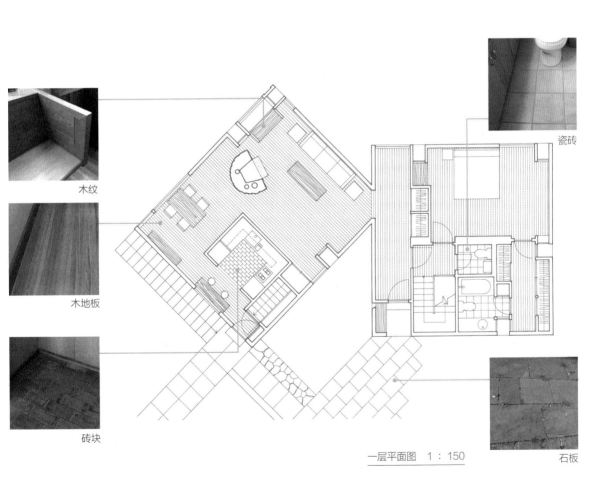

木纹

木地板

砖块

瓷砖

石板

一层平面图　1:150

第七节　不同形式图的表现力

一、不同形式的表现力一

在基本视图中加入更多元素，画得更细致，可以将与建筑物相关的更多信息传递给他人。例如，在平面图中画出地板的缝线能展示出它的材质，并体现出房间的使用性质，此外，还能加大视图的线条密度，以便更容易区分各个部分。在视图中加入适量的家具，能让他人更容易了解这个房间的使用情况、大小以及人的动线。即使不看视图的标题也可以从家具布局中获知房间的用途。如此生动、立体的视图大家赶快动手尝试一下吧！

一层平面图　1：150

（肯特纸上墨水制图）

一层平面图　1：150

（CAD 制图）

肯特纸：
在画图、制图时使用的质量上乘的纸张。肯特纸纸质较硬，表面光滑，市面上有各种尺寸的肯特纸售卖。

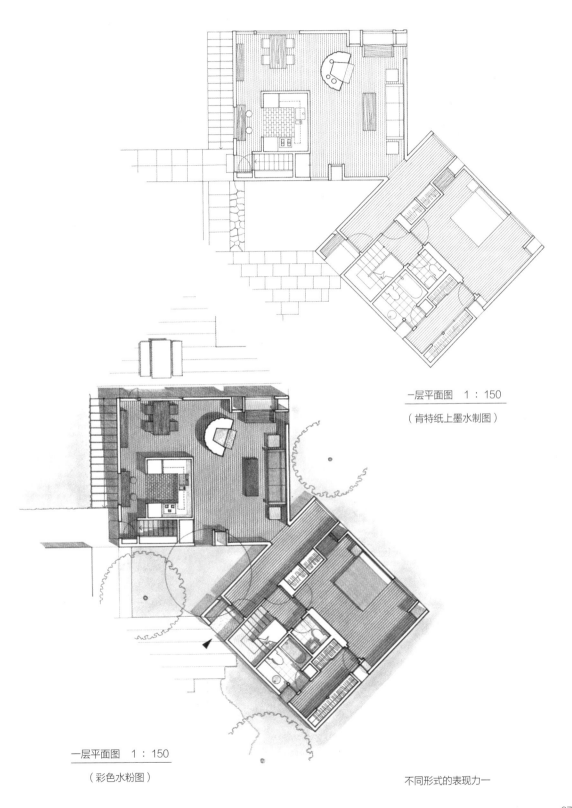

一层平面图　1：150

（肯特纸上墨水制图）

一层平面图　1：150

（彩色水粉图）

不同形式的表现力一

二、不同形式的表现力二

在立面图中加入树木之后，给人以全新的感受。

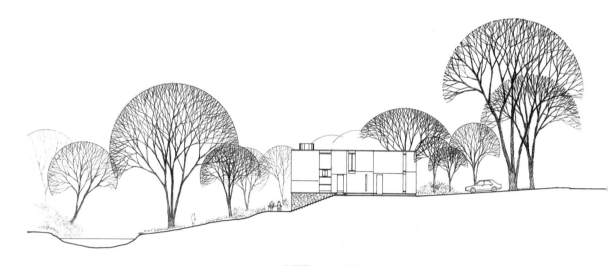

立面图　1：300

（铅笔绘图）

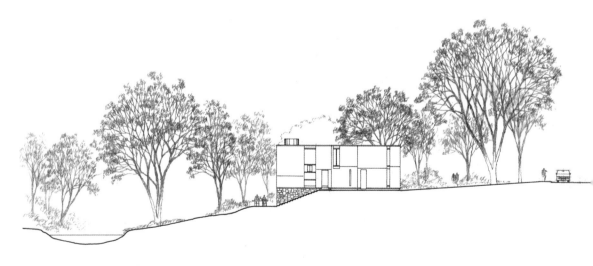

立面图　1：300

（铅笔绘图）

不同形式的表现力二

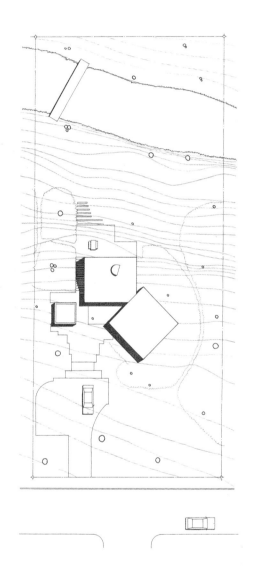

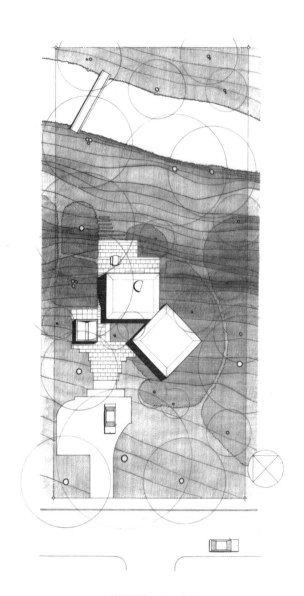

总平面图　1：500

（铅笔画）

用简单的线条勾勒出建筑物周围的地形和树木的位置。在房子下面画出阴影能让房子更立体，同时表现出建筑物的高度（阴影的绘制请参考第三章）

总平面图　1：500

（黑白着色）

等高线的疏密能表现出地形的高低变化幅度，且每个圆圈都代表着一棵树的大小

设计的工序

每一个优秀的建筑设计都不是一朝一夕完成的，也不是仅凭一个想法就建立起来的，都要经过不断的试错和改进才能最终成型。费舍尔住宅的设计共耗费了 4 年的时间，那么，它的设计工序是按照怎样的流程来进行的呢？下面我将一边介绍路易斯·康的设计草稿，一边对设计的常规步骤进行说明。

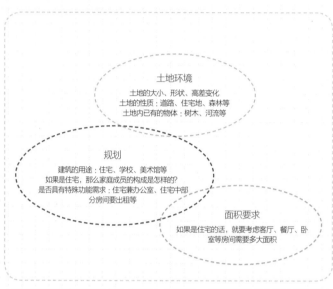

土地环境
土地的大小、形状、高差变化
土地的性质：道路、住宅地、森林等
土地内已有的物体：树木、河流等

规划
建筑的用途：住宅、学校、美术馆等
如果是住宅，那么家庭成员的构成是怎样的？
是否具有特殊功能需求：住宅兼办公室、住宅中部
分房间要出租等

面积要求
如果是住宅的话，就要考虑客厅、餐厅、卧
室等房间需要多大面积

把所有信息都整理出来并充分理解、消化后，才能着手进行方案的概念设计

设计草稿 1

建筑设计中草稿的作用是为了在设计前期收集、汇总所有的信息，并将自己的想法落实到纸面上。先画出设计草稿，然后不断推敲、修改，将方案进行优化。在设计之初，首先要收集建筑的地皮环境、规划、面积要求等信息，并将之理解、消化、吸收，才能做出好的设计方案。

费舍尔住宅的前期平面草图

设计草稿 2

将第一步整理出的内容应用到平面草图（房间布局）中，可以尝试用简单的图表等草图表达自己的想法。虽然是草图，但依然可以体现出各个房间的大小、房间之间的关系以及人的活动线路等信息。在画草图时，同时还要考虑建筑物应当在宅基地的哪个方位，这也是前期要考虑的一个重点。

设计师使用铅笔在描图纸上对住宅二层的卧室构图进行了简单的描绘和计算。二层是紧凑的卧室，从草稿上可以看到各房间的大小、占比，以及房间的面积计算公式。在草稿阶段就能体现建筑概念的设计。费舍尔住宅已划分出客厅区域和卧室区域两大块，一块区域包含起居、活动等功能，另一块包含卧室、浴室等功能。

设计草稿 3

在第二步平面规划草图的基础上对设计进行细化，并确定整体建筑物的形状、大小，各个房间的布局等。同时还要考虑剖面、立面情况下建筑的构成。第二步、第三步最好能同时进行。

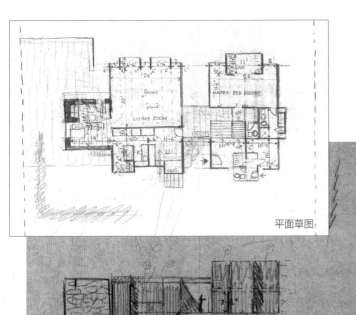

平面草图

立面草图

设计草稿：

设计草稿：

在设计构想的过程中绘制的图纸、草图，以及为了让自己的构想具象化的行为。在课堂上，老师布置的作业也是一种设计草稿。

概念设计：

建筑物设计中遵循的基本的想法。

图表：

将收集到的信息和自己的想法抽象出来，并将之图表化，更有助于其他人理解。

费舍尔住宅的初期平面、立面草图。从立面图中能看出初期的费舍尔住宅采用的是石头和木头两种素材组合的方案，但与最终在石头结构上搭建木头结构的方案不同。从平面图中可以看出设计师初期明确地将客厅区域和卧室区域分隔开来，但这个方案与我们最终看到的截然不同。

设计草稿 4

将自己想象中房间内部的形状、布局等画到草稿中，有助于其他人理解你的设计想法，同时对整理自己的设计观点也有很大的帮助。

不断重复设计草稿 2、设计草稿 4 的步骤，调整方案

餐厅（左）和主卧室（右）的设计草图。壁炉最初就承载着重要的功能，被引入到了设计中。从草图中可以感受到石造餐厅的厚重感和木制卧室的私密感。在草稿中加入家具和人物，方便人们了解房间的功能、布局，并对空间构造的理解更透彻。

第二章
轴测投影图、透视图

费舍尔住宅的立体表现形式

轴测投影图、一点透视图、两点透视图

这一章我们学习如何将三维的建筑物用二维的方式立体地表现出来。轴测投影图是以基本视图为原型建立的三维视图，而透视图是教我们将映入眼睛的物体描绘出来的表现方法。

第一节 轴测投影图

一、什么是轴测投影图和正等轴测图

费舍尔住宅的轴测投影图

轴测投影法是使用基本视图，并将实物简单转化为立体表现的制图方法。

轴测投影图的特点是平面图中的长、宽和新增的高度都与基本视图的尺寸一样，按实际长度绘制，在一个视图中同时表现平面和高度信息，因此它的度量性较差，常作为辅助说明图。

用立面图、剖面图替换掉上述中的平面图，从一个角度绘制出立面图或者剖面图的后部，就能得到立面图、剖面图的轴测投影图。

基本视图中的平面图不变，只改变平面图的观察角度，从而体现出建筑物的长、宽、高。补充平面图垂直向下部分（或者垂直向上部分）的体现高度部分的图形，即得到轴测投影图。

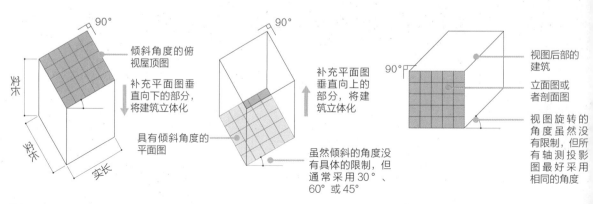

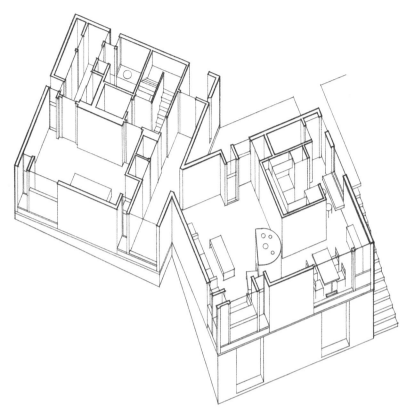

正等轴测图的观察视点比轴测投影图的低，是设计者近距离观察一个物体后绘制的图纸。

将一个三面互呈直角的物体，采用三条边都呈相同的角度（120°），各条边长度不变的方法绘制到图纸中的就叫作正等轴测图。正等轴测图和轴测投影图不同，视图中不会原封不动地采用平面图，会有一定的调整。

费舍尔住宅一层的正等轴测图
注：轴测投影图也能将建筑物内部的构造立体地表现出来。

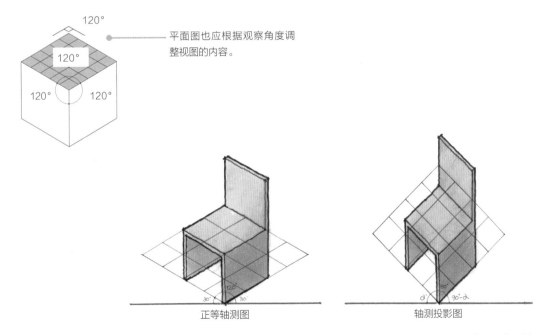

120°

平面图也应根据观察角度调整视图的内容。

120°

120° 120°

正等轴测图

轴测投影图

正等轴测图和轴测投影图的区别

二、强调要展示的部分——确定观察角度

在绘制轴测投影图时，平面图的观察角度是非常重要的。不同的观察角度看到的物体不同，所要强调的部分也就不同。标准的观察角度有 75°、60° 和 45°，应根据视图想表现的重点来选择合适的观察角度。

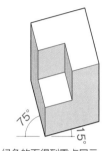
绿色的面得到重点展示

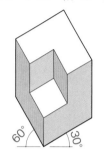
绿色面的强调程度稍微降低

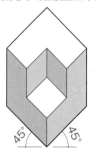
绿色和蓝色的面得到均等的展示机会

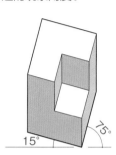
蓝色的面得到重点展示

> (!) 在轴测投影图中，重点表现的面与水平面的夹角越小，该面得到的曝光率就越高，强调性越高。

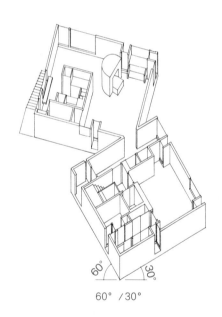
60° / 30°

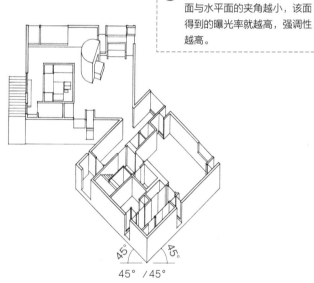
45° / 45°

> (!) 根据轴测投影图表现重点的不同，可能需要根据视图的目的调整高度的比例大小。

15° / 75°

三、轴测投影图的制图步骤

让我们来学习绘制费舍尔住宅的外观轴测投影图吧！

第一步，将平面图倾斜一个角度。

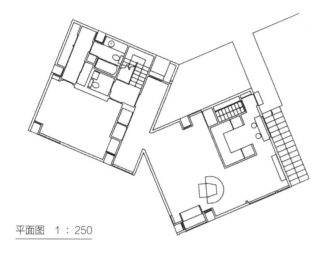

平面图 1 : 250

第二步，从外侧墙壁夹角处向上画出辅助线。

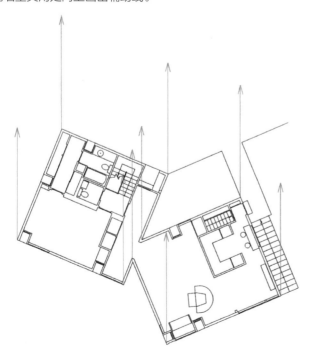

第三步，从立面图中获取高度的尺寸，并使用
辅助线标记在轴测投影图上。

ⓘ 因为费舍尔住宅是平屋顶，从
地板到屋顶各个角的距离都一
样，所以可以先把屋顶画成一
个平面四边形。

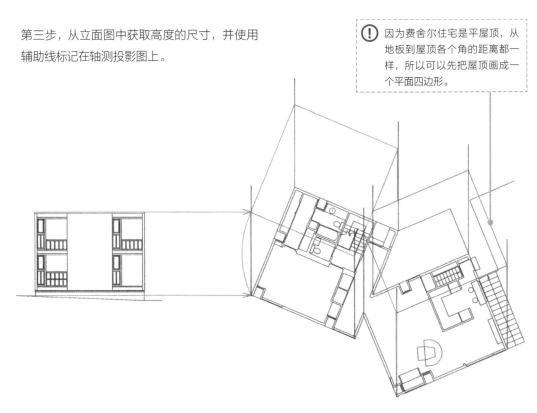

第四步，将建筑物外观上的重要表现点从
平面图向上引出一条辅助线。

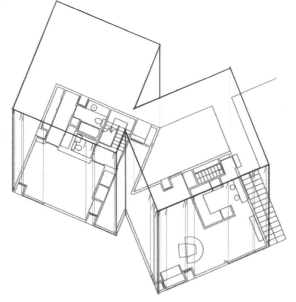

住宅的东侧外观

第五步，从立面图中获取垂直面上各个重要表现点的尺寸大小，并参考第四步画出的辅助线，标出各点的高度，接着画出窗户的立体凹凸感。

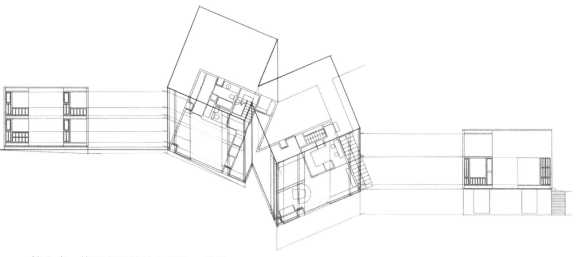

第六步，将不必要的线条擦除，并详细绘制出立面细节。

第七步，加入视图标题和比例尺。

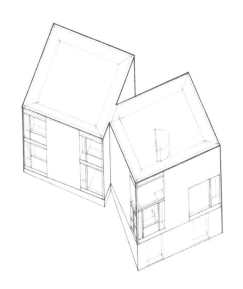

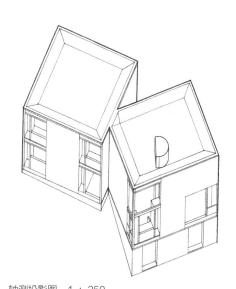

轴测投影图　1∶250

(!) 轴测投影图是按照实际尺寸绘制的，加入比例尺说明能让人更加清楚地了解建筑物的大小、构造。

四、制图的难点一 ——楼梯的绘制

轴测投影图中最难绘制的一个部分就是楼梯。绘制楼梯时，会发现很多的线交叉重叠在一起，如何绘制，保留哪些线条，要看展现在我们眼前的楼梯是怎样的形态，边思考边绘制。

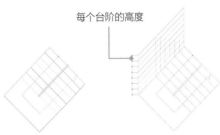

每个台阶的高度

第一步，将台阶平面图倾斜一个角度。

第二步，沿着平面图垂直向上画出每层台阶的高度线，并根据平面图台阶的位置用辅助线画出与高度线的交叉点。

第三步，在台阶上画出向上的辅助线。

第四步，将第二步中画出的台阶高度线与台阶辅助线相连接。

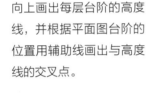

表示台阶踏面的图形与平面图平行

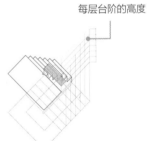

每层台阶的高度

第五步，一个台阶完成。

第六步，其他的台阶也采用相同的方法逐一绘制。

第七步，另一侧的台阶也和第二步一样，沿着平面图画出每层台阶的高度线。

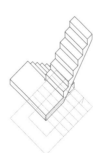

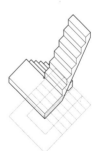

第八步，所有的台阶都绘制完成了。

第九步，绘制出台阶和楼梯平台的厚度。

第十步，将多余的线条擦除，并调整各线条的粗细。

五、制图的难点二——线条的粗细调整

为了让视图更加立体，充分体现出三维的特性，需要调整线条的粗细。首先观察视图，当两个面交接，有的面能看见，有的面看不见的时候，我们可以将可见面与不可见面的交接线加粗；当两个都是可见交接面时，交接线则相对细一些。

这种用线条的粗细来增强立体感的方法同样适用于其他立体图（如透视图）。

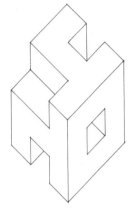

如果所有的线条粗细相同，绘制出的图形就会没有重点，没有强弱衬托

两个面交接时，可见面和不可见面之间的交接线要加粗显示

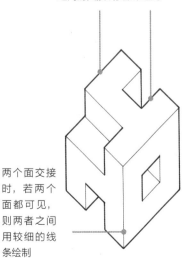

两个面交接时，若两个面都可见，则两者之间用较细的线条绘制

不同粗细的线条能增强图形的立体度

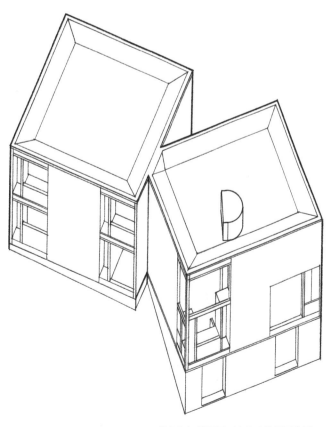

线条粗细增强图形立体度的使用范例

六、绘制轴测投影图的分解图

轴测投影图可作为辅助说明的使用图。下面我们来学习绘制轴测投影图的分解图，它可以清晰地表现物体是怎样组合、搭建在一起的。

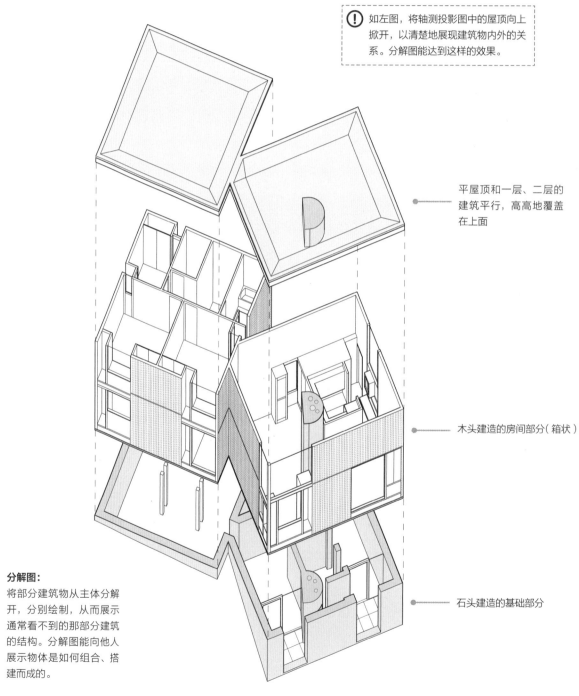

> ① 如左图，将轴测投影图中的屋顶向上掀开，以清楚地展现建筑物内外的关系。分解图能达到这样的效果。

平屋顶和一层、二层的建筑平行，高高地覆盖在上面

木头建造的房间部分（箱状）

石头建造的基础部分

分解图：

将部分建筑物从主体分解开，分别绘制，从而展示通常看不到的那部分建筑的结构。分解图能向他人展示物体是如何组合、搭建而成的。

七、用轴测投影图来展示宅基地周围的情况

轴测投影图还可以用来展示建筑物所在地周围的情况。（道具的绘制方法请参照第 58 ~ 63 页，图纸上色的方法请参照第 110 页）

第二节　透视图

一、什么是透视图

透视图是将三维的物体转化成二维图形的表现形式。基本视图和轴测投影图都是根据物体的实际尺寸来绘制的，但透视图不一样，其部分物体的尺寸是无法测量的。透视图能将物体立体地表现出来，像我们眼睛实际看到的情况一样。它能帮助我们更直观地理解基本视图和轴测投影图，即使对建筑制图一无所知的人也能轻松地看懂透视图。

室内空间的一点透视图

剖面透视图

建筑外观的两点透视图

二、想要别人看到什么? ——视点的选择方法

透视图是按照物体映照到眼帘中的样式绘制的,在不同的视点(SP)看到的东西和看物体的方式不同,我们需要先考虑以何种方式让其他人看到哪方面的东西,即先确定好视点。

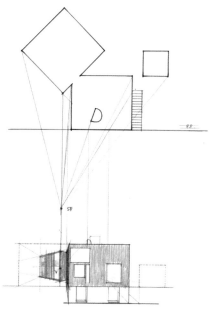

观察者的视点位于左侧,能看到更多左侧物体的构造

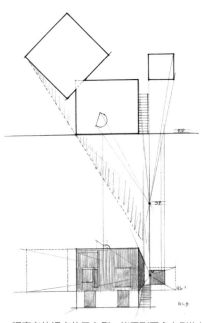

观察者的视点位于右侧,能看到更多右侧物体的构造,此时看不到卧室方块的结构

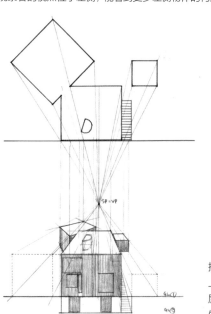

把视点设定在比人视线高很多的屋顶上部,可以看到建筑物的屋顶,画出屋顶俯视的布局图。(此时 SP 和 VP 处于相同的位置)

灭点:
英文为 Vanishing Point,简写为 VP。选择一个角度观察同一方向的平行线,会发现它们都聚集于某个无限远的点,这个点就是灭点。当存在数个灭点时,所有的灭点都要处于水平线上。

视点:
英文为 Standing Point,简写为 SP。指的是观察建筑物时视线所处的位置。

三、一点透视图

1. 从一个灭点开始 —— 一点透视图

透视图分为很多种类，我们首先从最简单的一点透视图开始学习吧。一点透视图是指当人站在建筑物的正前方时视线内的建筑物影像。此时，建筑物内外的所有线条最终集中于一个点。

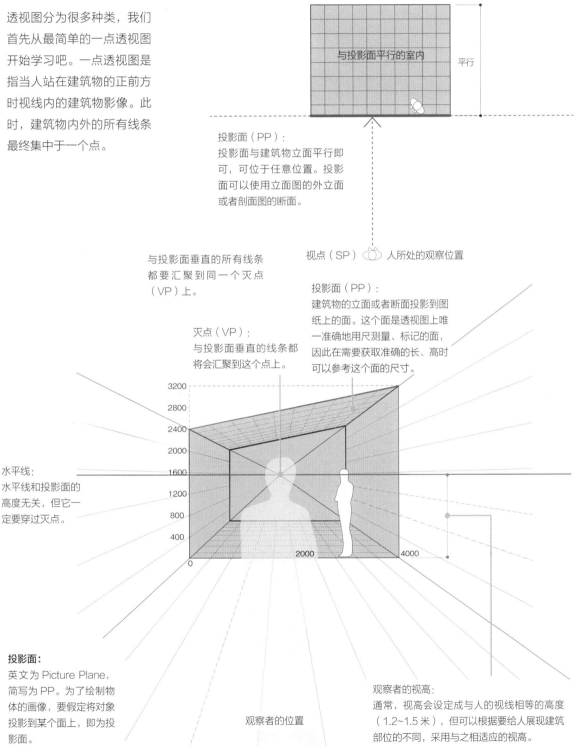

投影面（PP）：
投影面与建筑物立面平行即可，可位于任意位置。投影面可以使用立面图的外立面或者剖面图的断面。

视点（SP）　人所处的观察位置

投影面（PP）：
建筑物的立面或者断面投影到图纸上的面。这个面是透视图上唯一准确地用尺测量、标记的面，因此在需要获取准确的长、高时可以参考这个面的尺寸。

与投影面垂直的所有线条都要汇聚到同一个灭点（VP）上。

灭点（VP）：
与投影面垂直的线条都将会汇聚到这个点上。

水平线：
水平线和投影面的高度无关，但它一定要穿过灭点。

投影面：
英文为 Picture Plane，简写为 PP。为了绘制物体的画像，要假定将对象投影到某个面上，即为投影面。

观察者的位置

观察者的视高：
通常，视高会设定成与人的视线相等的高度（1.2~1.5 米），但可以根据要给人展现建筑部位的不同，采用与之相适应的视高。

2. 一点透视图的制图步骤

让我们一起来绘制费舍尔住宅室内断面的一点透视图吧!

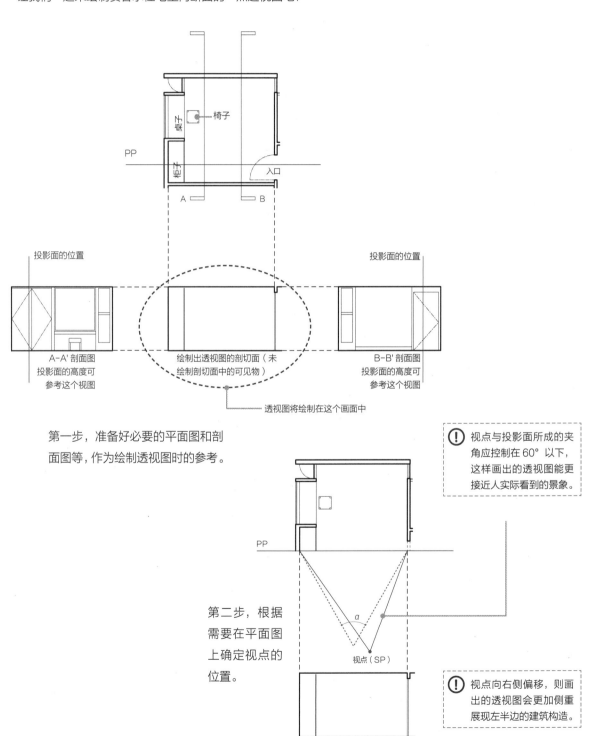

第一步,准备好必要的平面图和剖面图等,作为绘制透视图时的参考。

> (!) 视点与投影面所成的夹角应控制在 60° 以下,这样画出的透视图能更接近人实际看到的景象。

第二步,根据需要在平面图上确定视点的位置。

> (!) 视点向右侧偏移,则画出的透视图会更加侧重展现左半边的建筑构造。

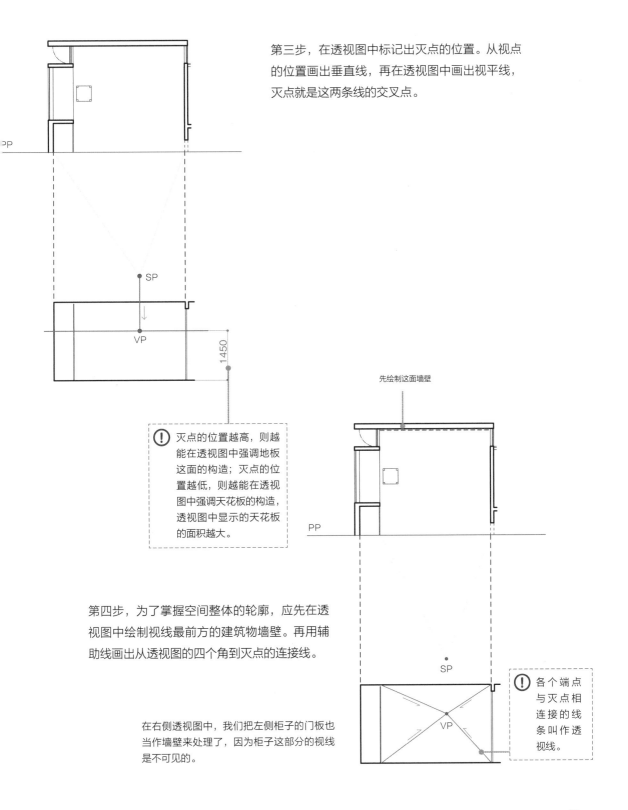

第三步，在透视图中标记出灭点的位置。从视点的位置画出垂直线，再在透视图中画出视平线，灭点就是这两条线的交叉点。

SP

VP

1450

先绘制这面墙壁

PP

(!) 灭点的位置越高，则越能在透视图中强调地板这面的构造；灭点的位置越低，则越能在透视图中强调天花板的构造，透视图中显示的天花板的面积越大。

第四步，为了掌握空间整体的轮廓，应先在透视图中绘制视线最前方的建筑物墙壁。再用辅助线画出从透视图的四个角到灭点的连接线。

SP

VP

(!) 各个端点与灭点相连接的线条叫作透视线。

在右侧透视图中，我们把左侧柜子的门板也当作墙壁来处理了，因为柜子这部分的视线是不可见的。

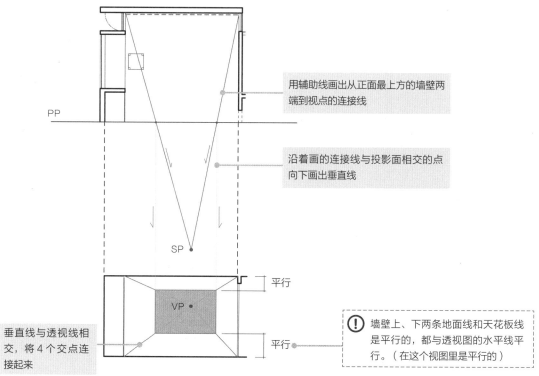

用辅助线画出从正面最上方的墙壁两端到视点的连接线

沿着画的连接线与投影面相交的点向下画出垂直线

PP

SP

平行

VP

平行

垂直线与透视线相交，将4个交点连接起来

墙壁上、下两条地面线和天花板线是平行的，都与透视图的水平线平行。（在这个视图里是平行的）

第五步，用辅助线画出从正面上方的墙壁两端到视点的连接线，再从该连接线与投影面的交点向下画出垂直线。垂直线与4条透视线相交，将4个交点连接起来，即可得到透视图上远端的墙壁线位置。

PP

SP

平面图中其他平行的墙壁也采用相同的办法，画出墙壁与视点的连接线，从该连接线与投影面的交点作出垂直线，再用垂直线确定在透视图中的位置，并用平行线画出

VP

第六步，平面图上其他的重要展现物也采用相同的方法，设计者需要画出各物体的边界线。

透视线：
物体的各个端点与灭点的连接线。

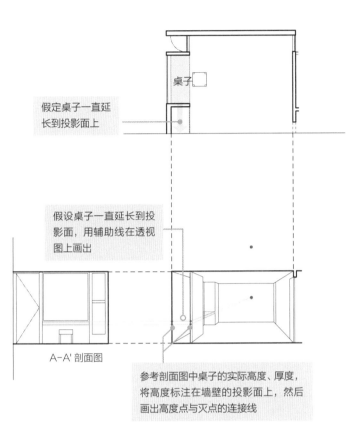

假定桌子一直延长到投影面上

假设桌子一直延长到投影面，用辅助线在透视图上画出

A-A' 剖面图

参考剖面图中桌子的实际高度、厚度，将高度标注在墙壁的投影面上，然后画出高度点与灭点的连接线

桌子

第七步，绘制桌子。虽然桌子没在投影面上，但为了作图方便，我们可以假设桌子一直延长到投影面上，可以在投影面上标注出桌子的实际宽度。桌子的实际高度可以参考 A-A' 剖面图。

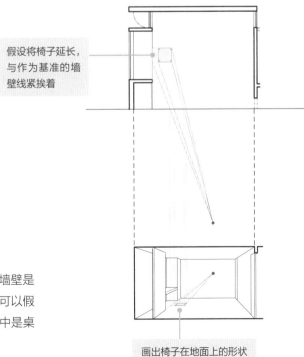

假设将椅子延长，与作为基准的墙壁线紧挨着

第八步，画没挨着墙壁的椅子。因为墙壁是参考基准，为了作图的方便，我们也可以假定椅子一直延长到和墙壁线（本视图中是桌面）连接。

画出椅子在地面上的形状

91

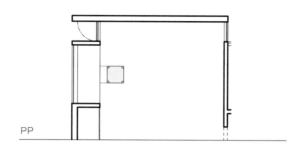

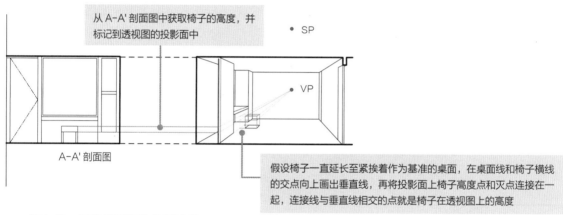

从 A-A' 剖面图中获取椅子的高度，并
标记到透视图的投影面中

· SP

· VP

A-A' 剖面图

假设椅子一直延长至紧挨着作为基准的桌面，在桌面线和椅子横线
的交点向上画出垂直线，再将投影面上椅子高度点和灭点连接在一
起，连接线与垂直线相交的点就是椅子在透视图上的高度

第九步，假定椅子和作为基准的
桌面挨着，再由投影面上的椅子
高度点和灭点得出透视图中椅子
的高度。

第十步，将透视图中的线条适度
加粗。

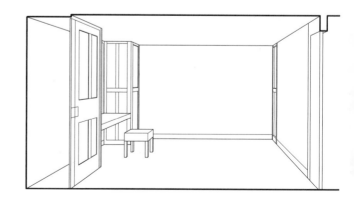

在完成的透视图中添加一些道具和点缀，让视图更像一个房间。

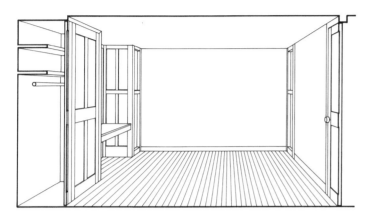

费舍尔住宅二层卧室的透视图

注：透视图不是按标准尺寸绘制的，因此不需要标注比例尺。

在透视图中加入家具等点缀后，更能彰显房间的特性

3. 一点透视图（剖面透视图）的制图步骤

让我们来绘制费舍尔住宅中充满魅力的客厅方块的室内空间一点透视图吧！

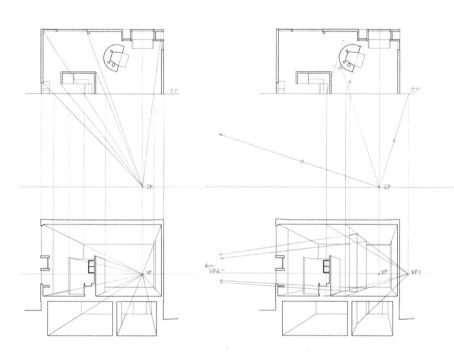

第二步，壁炉的烟囱部分未与投影面平行，呈一个角度，需要使用两点透视法绘制，这个方法会在后面的小节中进行说明。

第一步，在平面图中确定视点，在透视图中确定灭点，然后在透视图中画出断面空间的整体轮廓。

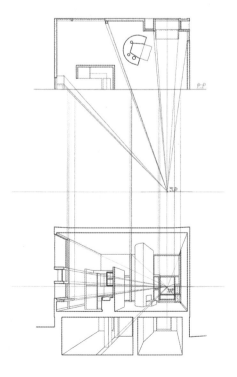

第三步，仔细绘制窗户周围的细节，以增强其立体感。最后再绘制树木等周边环境的透视图，这样一点透视图就完成了。

透视图能同时展现出建筑整体的信息和内部的详细结构

四、两点透视图

1. 两个灭点的制图方法——两点透视图

两点透视图是我们斜着观察建筑物时看到的图像的绘制方法。建筑物倾斜地立在投影面上，从视点上可以同时看到建筑物的两个面。

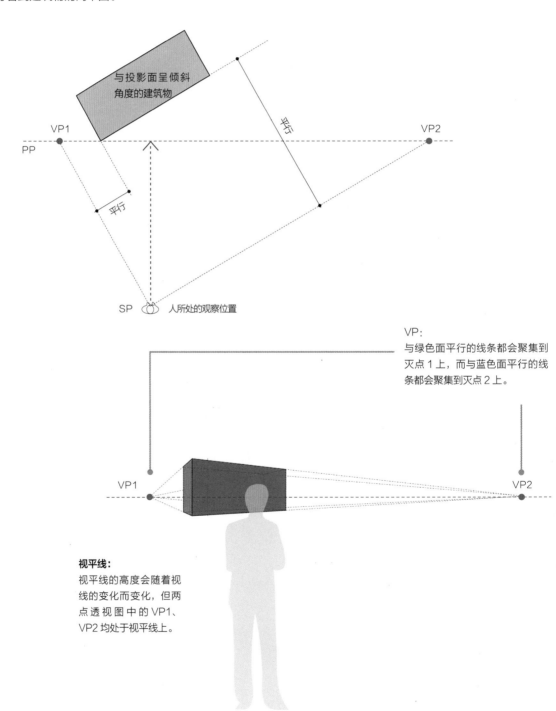

与投影面呈倾斜角度的建筑物

平行

VP1

VP2

PP

平行

SP 人所处的观察位置

VP:
与绿色面平行的线条都会聚集到灭点 1 上，而与蓝色面平行的线条都会聚集到灭点 2 上。

VP1

VP2

视平线:
视平线的高度会随着视线的变化而变化，但两点透视图中的 VP1、VP2 均处于视平线上。

路易斯·康

路易斯·康（1901—1974）是 20 世纪美国最具代表性的建筑师之一。路易斯·康是大器晚成的建筑师，虽然他设计的建筑物数量不多，但每一个都很经典。除了本页展示的设计作品外，还有索克大学研究所（1965 年）和金贝尔美术馆（1972 年）等，美国、印度和孟加拉国都保存着他的优秀建筑作品。

路易斯·康在着手设计时，无论建筑物多么庞大，他首要考虑的都是建筑物本身和构成它的房间要呈现怎样的一个空间，回到建筑的原点来思考设计。要让住宅发挥出"让家庭的关系更紧密，让家人得以放松身心"的作用，让国民议会厅等建筑呈现出"将人们聚集在一起进行民主会议的场所"的氛围。他始终追求呈现合适的空间感。在思考房屋的构造形状时，通常都是从最基本的正方形开始着手的，然后在这个基本形状下，根据房间的用途满足各自的采光需求，围绕着设计主题不断地进行思考和重构，最终将设计往前推进。

路易斯·康曾在耶鲁大学和宾夕法尼亚大学当过教授，他写的带有自传体性质的文章对后人也颇具启发性。路易斯·康对建筑独特的思考方式，如今仍对众多建筑师具有深远的影响。

位于宾夕法尼亚大学的医学研究所：理查德医学研究中心（1959—1965）

位于孟加拉国首都的国民议会厅：达卡国民议会厅（1962—1974）

2. 两点透视图的制图步骤

下面让我们一起来学习绘制费舍尔住宅的外观透视图（两点透视图）吧！

在画图前，可以先画出建筑物的草图或者素描，以便定位视图的观察角度、视点的位置和高度等，方便后期的制图。

第一步，在平面图上确定透视图的视点。视点的位置设置标准是：从视点看向要绘制的建筑物时，建筑物大体都在视线范围内，且视线的夹角呈 60°左右，即为视点的位置。

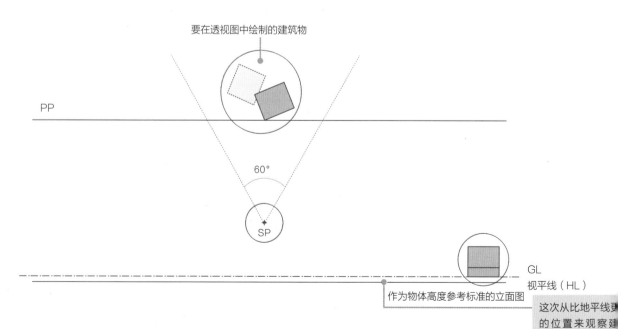

要在透视图中绘制的建筑物

PP

60°

SP

GL

视平线（HL）

作为物体高度参考标准的立面图

这次从比地平线更□的位置来观察建□物，因此视图中视线比地平线更低第二步，标注灭点的位置。

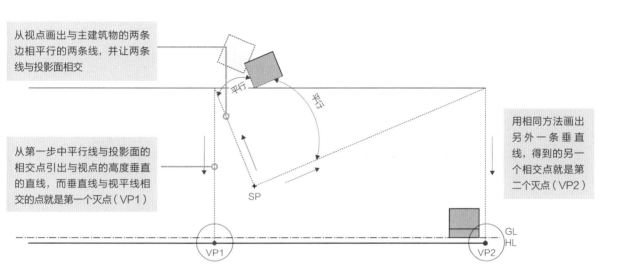

从视点画出与主建筑物的两条边相平行的两条线，并让两条线与投影面相交

从第一步中平行线与投影面的相交点引出与视点的高度垂直的直线，而垂直线与视平线相交的点就是第一个灭点（VP1）

用相同方法画出另外一条垂直线，得到的另一个相交点就是第二个灭点（VP2）

第三步，平面图中的建筑物与投影面接触部分的高在透视图中是按准确尺寸绘制的，因此引出该点的垂直线，并从立面图中获取到该点的各个高度，用辅助线在透视图中标注出高度。

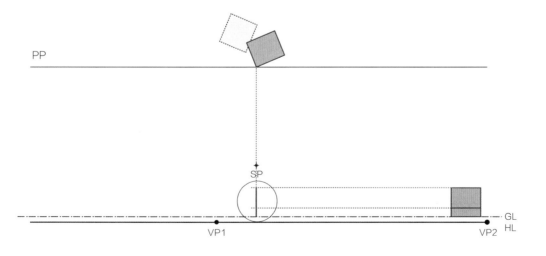

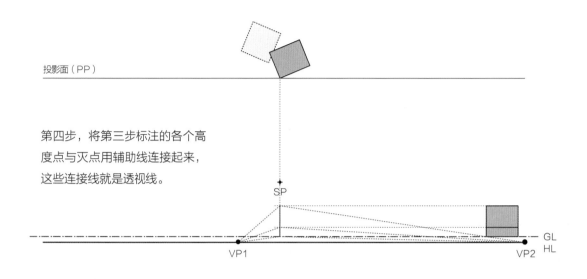

投影面（PP）

第四步，将第三步标注的各个高
度点与灭点用辅助线连接起来，
这些连接线就是透视线。

SP

GL
HL
VP1   VP2

将视点和建筑物的各个可见
角用辅助线连接起来

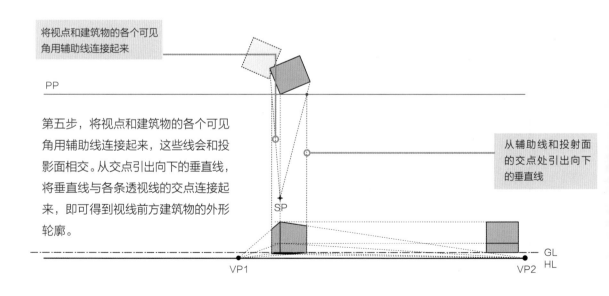

PP

第五步，将视点和建筑物的各个可见
角用辅助线连接起来，这些线会和投
影面相交。从交点引出向下的垂直线，
将垂直线与各条透视线的交点连接起
来，即可得到视线前方建筑物的外形
轮廓。

从辅助线和投射面
的交点处引出向下
的垂直线

SP

GL
HL
VP1   VP2

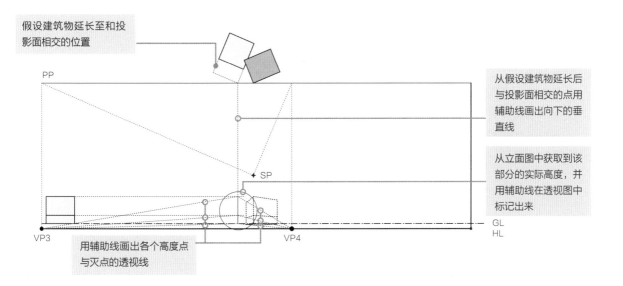

假设建筑物延长至和投影面相交的位置

从假设建筑物延长后与投影面相交的点用辅助线画出向下的垂直线

从立面图中获取到该部分的实际高度，并用辅助线在透视图中标记出来

用辅助线画出各个高度点与灭点的透视线

第六步，画另一个未与投影面接触的建筑物的透视图。用第二步的方法得出该建筑物的灭点后，将该建筑物延长，假设它也和投影面（PP）相交。

第七步，重复第五步的方法，将视点和建筑物的各个可见角用辅助线连接起来。这些线会和投影面相交，从交点引出向下的垂直线，将垂直线与各条透视线的交点连接起来，即可得到视线前方的建筑物的外形轮廓。

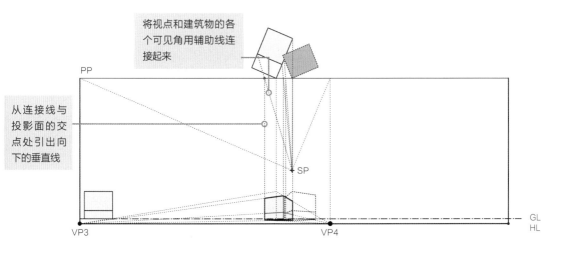

将视点和建筑物的各个可见角用辅助线连接起来

从连接线与投影面的交点处引出向下的垂直线

第八步，擦除辅助线。

第九步，重复之前的步骤，利用灭点法将
建筑物其他细节绘制到透视图上，例如，
窗户和装饰物等。

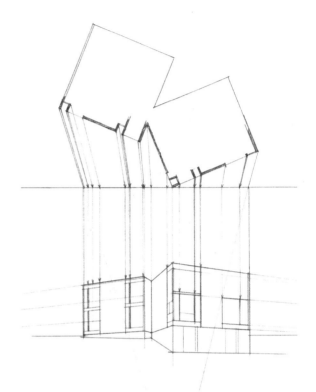

内凹的窗户采用灭点法绘制到图纸上，注意
窗户周边的细节

采用灭点法将周围的树木等点缀物绘制在房子周围。高低不同的树木更能体现出远近纵深感

费舍尔住宅的外观透视图

第三章

方案展示

费舍尔住宅的设计思想信息展示

建筑视图的目的是为了将自己的设计思想传达给别人，因此如何将信息更清晰、明了地传达出去是非常重要的。而将基本视图、透视图、图表和模型等多种素材组合、搭配使用，再加上适当的文字说明和色彩等，形成一整套的设计展示方案是最好的方式。下面我们将学习如何绘制整体的方案展示图。

第一节　整理方案概要

在制作方案展示图时，第一步是整理出自己想要表达的信息要点。与写文章一样，只有确定好文章的主题，才能继续下笔。做方案也同理，应先写出方案概要。确定了方案概要后，再围绕着这个主题思考使用哪些视图进行表达。基本视图能传达建筑物整体结构的信息，是非常重要的一类视图，因此可以给基本视图上色，着重强调和主题相关的部分。还可以利用阴影的衬托效果。再搭配轴测投影图、透视图等能给人更直观立体感受的图形，让整体方案更加清晰明了。

第一步，确定方案主题，并写出整体概要。

可以一边对照建筑物的图纸和照片，一边思考建筑物最重要的特征。

第二步，斟酌、讨论为了表现主题，哪些视图、模型或照片是必不可少的。

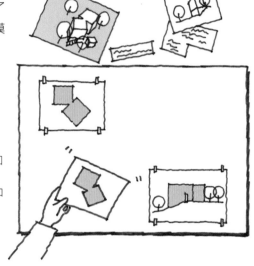

善于利用每一种视图的特性。
阴影：有助于表现纵深感、凹凸感。
轴测投影图：可以利用图表和分解图等。
透视图：擅长空间的表现等。

第三步，写一两句简洁的标题或者说明文字等，点明主题。

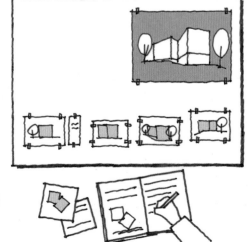

第二步、第三步可以同时进行，有助于梳理想法。说明文字要用简洁的语言，列出要点即可。

第二节 精美的排版能更好地传达信息

确定好方案主题展示的素材（视图、模型照片、文字等）后，应将素材在图纸上进行排版。如果是学校的课题或者设计竞赛，使用 A1 或 A2 图纸就可以了。根据图纸大小和布局调整视图的尺寸以及文字的大小等，排版要突出最重要、最想给别人展示的信息。

第一步，确定所需图纸的大小及排版的纵横方向。

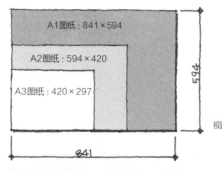

市面上有各种标准尺寸的肯特纸，确定好图纸的大小后，选择适合的尺寸即可。如果图纸的尺寸过大，也可以对图纸进行裁剪，以适应排版的需要。

第二步，选好要使用的视图，确定好图纸大小后，根据图纸大小和排版布局调整视图大小，可使用复印机将视图进行扩大或缩小。将所有视图纸张直接铺到图纸上，再对布局进行调整。

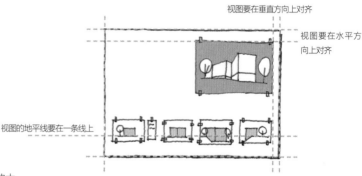

当平面图竖着排列时，高层的平面图应放在上面，低层的平面图放在下面。剖面图和立面图最好横着排列，其地平线要在一条水平线上，这样看起来更方便易懂。

第三步，在图纸上的明显位置写上标题和说明文字。别忘记在各个视图中写上标题和比例尺。

排版时要考虑到人们的看图习惯。一般人都是按从左到右、从上到下的顺序看，因此在排版时也要遵循这个规律。

第四步，请他人检查，调查实际观察者的观点、感受，以了解自己的方案展示图是否简单、易懂。

展示方案完成以后，可以请身边的人帮忙检查一下，能更客观地了解方案是否能准确传达设计主题，这也是一种非常有效的手段。

第三节　如何画阴影

采用投影法绘制基本视图的特点是不分物体远近，所有物体都是按照实际大小缩放绘制到图纸上的。这也是基本视图的一个缺点，因为人们在看东西的时候，近处的物体感觉更大，远处的物体感觉更小，但基本视图里的物体远近是一样大的，难以让人从视图中感受到远近、纵深感。为了能够表现出远近、纵深感，可以给视图中的物体画上阴影。

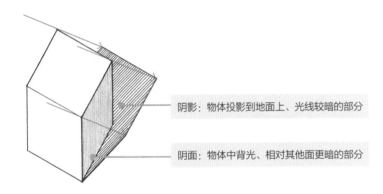

阴影：物体投影到地面上、光线较暗的部分

阴面：物体中背光、相对其他面更暗的部分

注：在作图时，我们一般会假定阳光从与物体呈 45° 的角度照射过来。

45° 的阳光在各个面的照射方向：

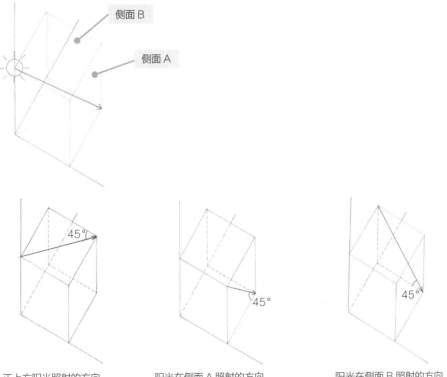

侧面 B

侧面 A

正上方阳光照射的方向　　　阳光在侧面 A 照射的方向　　　阳光在侧面 B 照射的方向

绘制阴影的顺序:

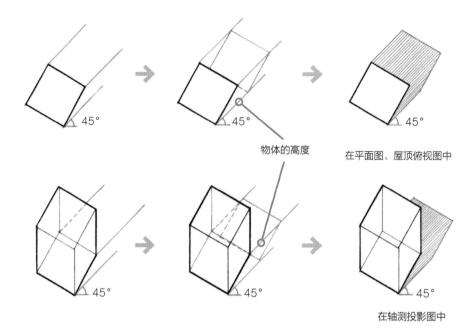

物体的高度

在平面图、屋顶俯视图中

在轴测投影图中

第一步,沿着物体的角画出与水平线呈45°的辅助线。

第二步,在辅助线上量出与物体高度相等的长度,并用辅助线将各个点连接起来。

第三步,在第二步画出的阴影范围内除去建筑物的部分,其他部分轻轻地涂上颜色或画上阴影线。

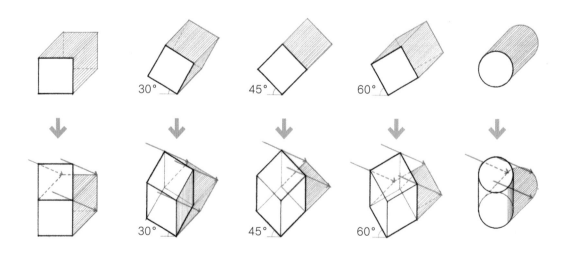

45° 光照射到建筑物不同角度时阴影的画法

圆柱阴影的画法

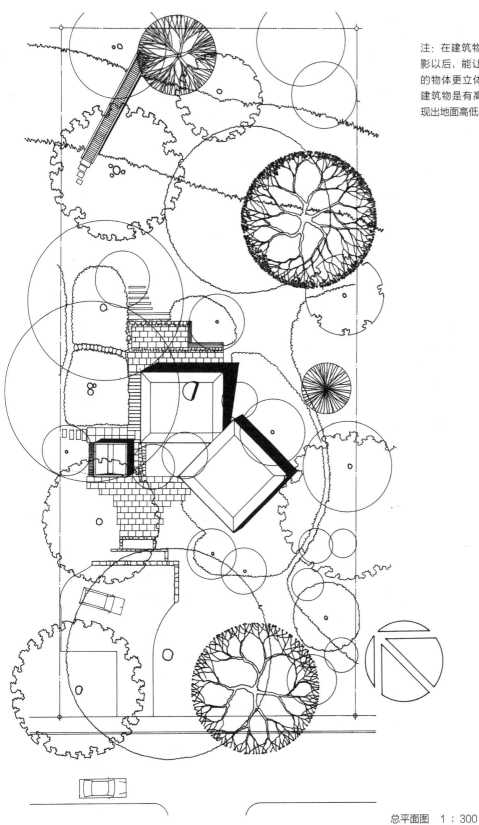

注: 在建筑物部分增加了阴影以后,能让总体布局图中的物体更立体,让人感觉到建筑物是有高度的,也能体现出地面高低不平的特征。

总平面图 1:300

第四节　给方案上色一

上色的方法多种多样，大家可以多尝试几种上色方法，从中找到最适合表现自己方案主题的方法。

彩色铅笔线条涂色方法

用彩色铅笔上色是一种颜色较轻的上色方法。想获得漂亮的涂色图，应注意沿着一个方向涂线。如果已熟练掌握，就可以凭手感徒手涂色画线，但如果是新手，使用尺子辅助画直线，也能画出非常漂亮的彩图。

使用尺子辅助画线的单色涂画效果

使用尺子辅助画线的双色涂画效果

双色纵向、横向双向的涂色效果

注：线条的紧密度能表现出颜色的深浅、浓度。

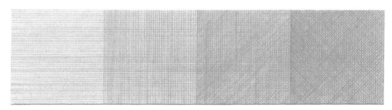

单平行线　　平行线 + 垂直线　　平行线 + 垂直线 + 单斜线　　平行线 + 垂直线 + 网状线

柔和的彩色蜡笔涂色方法

彩色蜡笔的涂色效果和彩色铅笔截然不同，会给人柔和的感觉。彩色蜡笔有很多使用方法。如右图所示，可以直接使用不同颜色的蜡笔在纸上涂画出细线；也可以将蜡笔削成粉末，再用脱脂棉等蘸上粉末涂到纸上。

直接用蜡笔在纸上涂画的效果

多种蜡笔颜色交叠在一起，能产生混合色。

用脱脂棉等物蘸上彩色蜡笔的粉末，再涂到纸上的效果

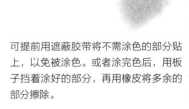

可提前用遮蔽胶带将不需涂色的部分贴上，以免被涂色。或者涂完色后，用板子挡着涂好的部分，再用橡皮将多余的部分擦除。

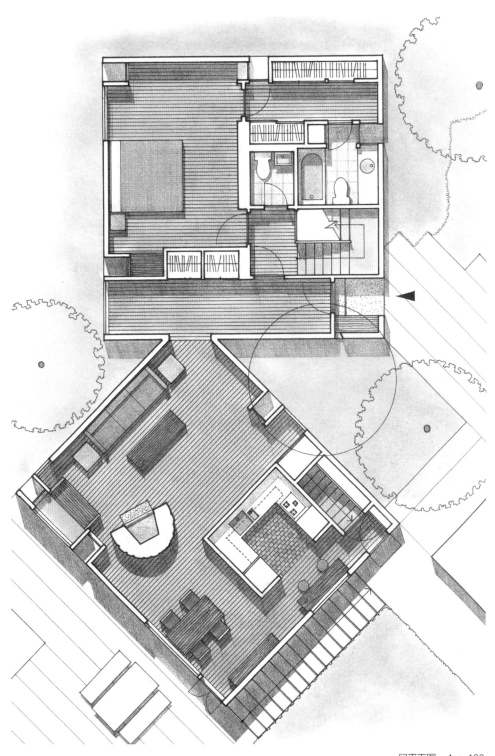

一层平面图 1：100

（彩色蜡笔涂色）

第五节 给方案上色二

第一步，准备涂色用具。

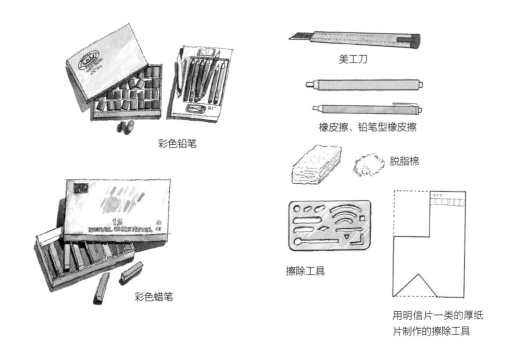

彩色铅笔

彩色蜡笔

美工刀

橡皮擦、铅笔型橡皮擦

脱脂棉

擦除工具

用明信片一类的厚纸片制作的擦除工具

第二步，选色。可以在副本上试色，选出最合适的颜色。

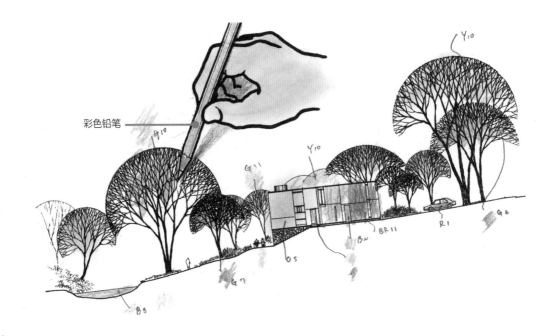

彩色铅笔

第三步，将彩色蜡笔削成粉末。用美工刀慢慢将彩色蜡笔削成粉末。

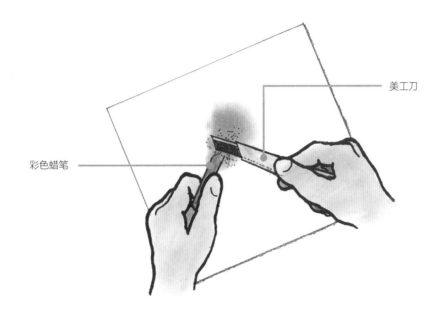

美工刀

彩色蜡笔

第四步，用彩色蜡笔进行涂色。用脱脂棉蘸上
彩色蜡笔粉末，涂到图纸上。

脱脂棉

第五步，将多余的部分擦除。在擦除工具的辅助下，慢慢擦除超出范围的颜色。

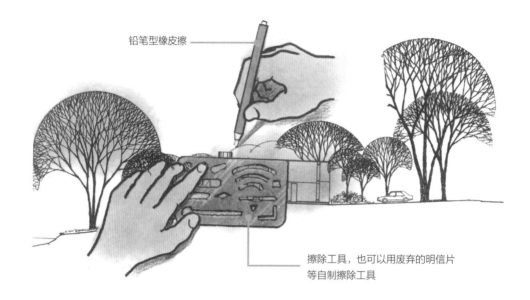

铅笔型橡皮擦

擦除工具，也可以用废弃的明信片
等自制擦除工具

第六步，细节部分的涂色方法。彩色铅笔的涂色方法：将铅笔削尖后细心地涂画。彩色蜡笔的
涂色方法：在原画的副本上涂色后，再将涂好的部分用美工刀切割下来。

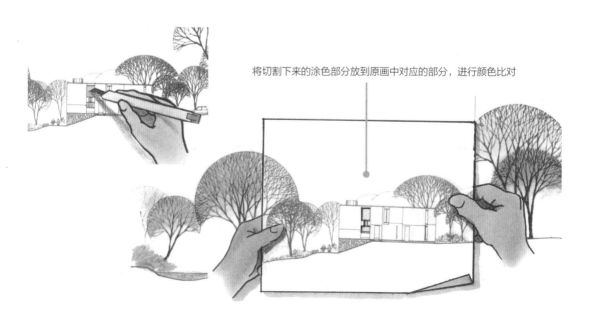

将切割下来的涂色部分放到原画中对应的部分，进行颜色比对

第七步，用脱脂棉蘸上彩色蜡笔粉末，仔细涂画细节部分。

脱脂棉

也可以用棉棒代替脱脂棉

第八步，用相同的方法给点缀物上色。

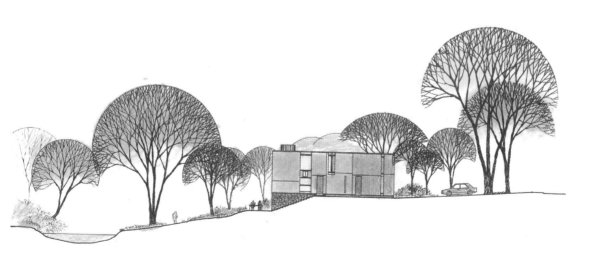

第六节　如何高效使用颜色和阴影一

下图是不同画法的立面图成品。虽然是同一个建筑、同一角度的立面图，但不同的绘制方法展现出了不同的视图重心，表达的东西也不尽同。因此我们在画图时一定要选择适合的表现形式。

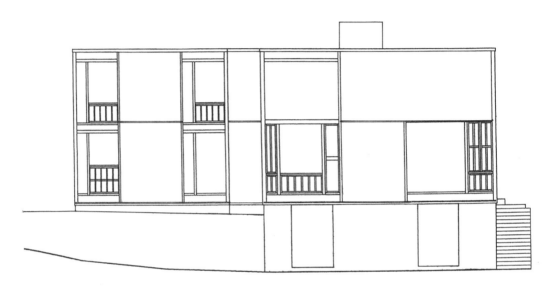

东北立面图（仅结构）

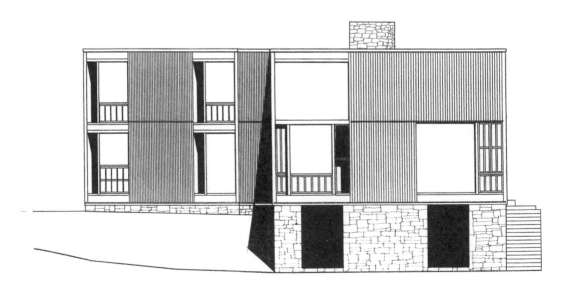

东北立面图（突出建筑材质和阴影）

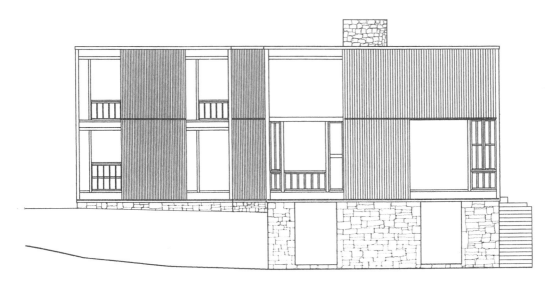

东北立面图（突出建筑材质）

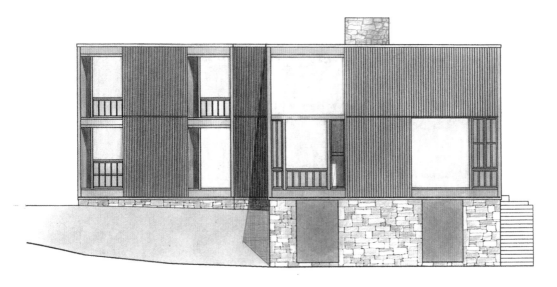

东北立面图（突出建筑材质、阴影和颜色）

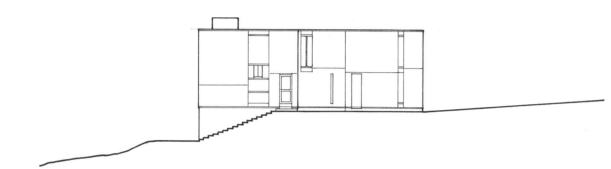

西北立面图（仅结构）

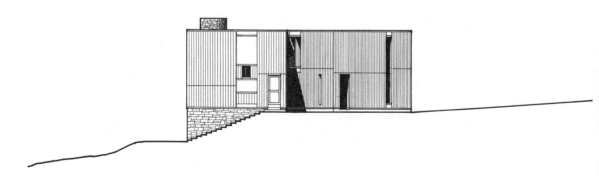

西北立面图（突出建筑材质和阴影）

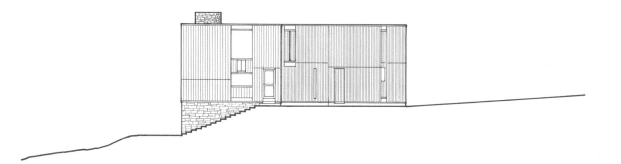

西北立面图（突出建筑材质）

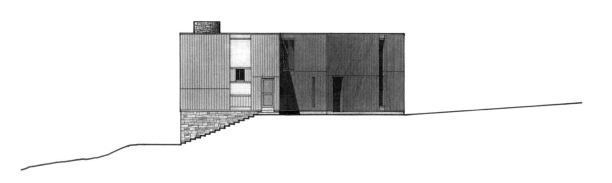

西北立面图（突出建筑材质、阴影和颜色）

第七节　如何高效使用颜色和阴影二

西北立面图　1∶300

西北立面图　1∶300

第八节 如何高效使用颜色和阴影三

西北剖面图 1：300

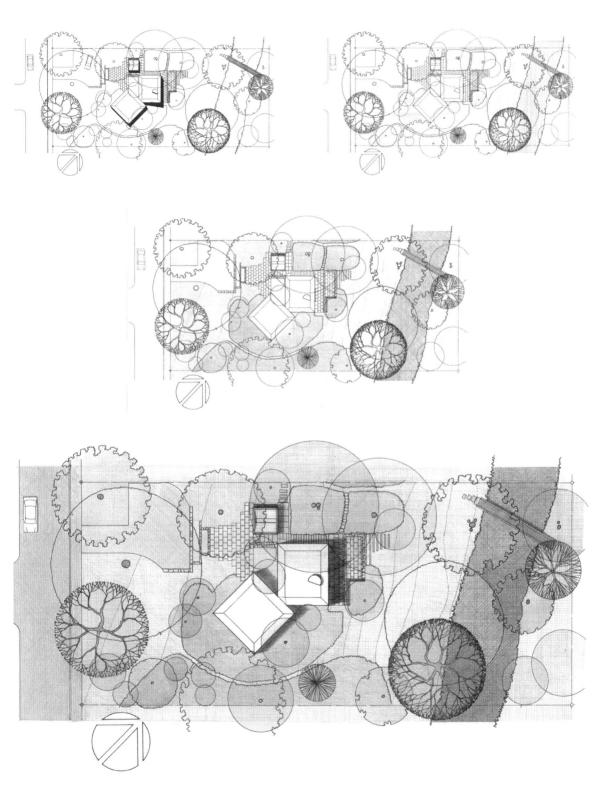

总平面图 1：300

第九节　制作方案展示图

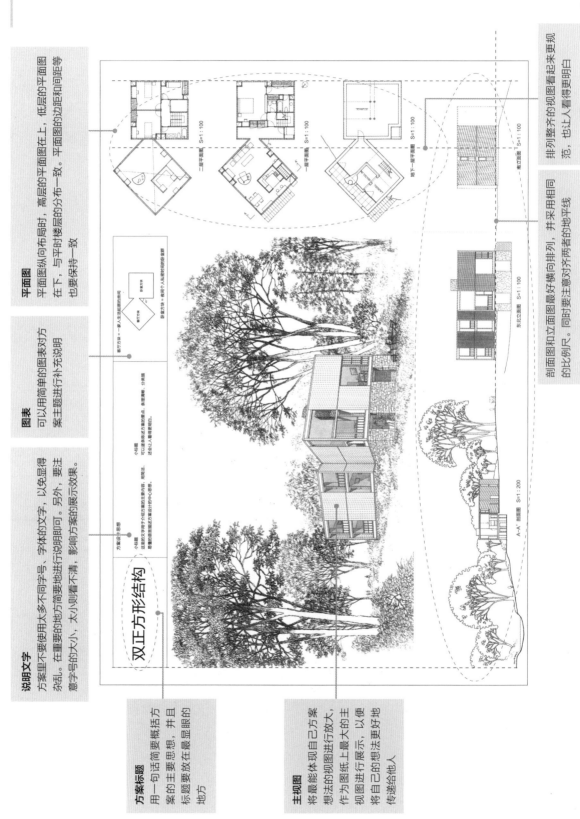

平面图

平面图纵向布局时，高层的平面图在上，低层的平面图在下，与平面图层的分布一致。平面图的边距和间距等也要保持一致

排列整齐的视图看起来更规范，也让人看得更明白

图表

可以用简单的图表对方案主题进行补充说明

剖面图和立面图最好横向排列，并采用相同的地平线的比例尺。同时要注意对齐两者的地平线

说明文字

方案里不要使用太多不同字号、字体的文字，以免显得杂乱。在重要的地方要简要地进行说明即可。另外，要注意字号的大小，大小则看不清，影响方案的展示效果。

方案标题

用一句话简要概括方案的主要思想，并且标题要放在最显眼的地方

主视图

将最能体现自己方案想法的视图进行放大，作为图纸上最大的主视图进行展示，以便将自己的想法更好地传递给他人

在制作方案展示图时，可以使用不同的视图表现形式，将方案信息更准确、清晰地传达给他人。

如果挑选不出更多合适的视图，也可以只选用一张最能表现方案设计思想的视图，并将它放大到整张图纸上，以增强视觉冲击力。

最后，请大家应用本书中学到的制图知识，自己动手绘制各种各样魅力四射的建筑视图吧！

费舍尔住宅

让阳光照进你的房间！

——路易斯·康

术语

路易斯·康相关资料推荐

路易斯·康的代表作品推荐

宾夕法尼亚大学理查德医学研究中心（1959 年）

索克大学研究所（1965 年）

达卡国民议会厅（1974 年）

金贝尔美术馆（1972 年）

有关路易斯·康生平事迹的书籍推荐

[美] 罗马尔·吉奥格拉 , [美] 吉阿米尼·麦 . 路易斯·康作品集 [M]. 东京：A.D.A 出版公司 ,1975 .

[美] 海因茨·朗纳 , [美] 沙拉德·贾弗 . 路易斯·康完全作品集 [M].BIRKHAUSER，1977.

[美] 大卫·B. 布朗李 , [美] 大卫·G. 洛克 . 路易斯·康建筑的世界 [M]. 东京大学建筑学科香山研究室 , 译 . 德鲁菲研究所 ,1992.

有关费舍尔住宅详细信息的书籍推荐

[日] 斋藤裕 . 路易斯·康全住宅：1940-1974[M].TOTO，2003.

有关路易斯·康的 DVD 作品推荐

[美] 纳撒尼尔·康 . 寻找我最崇拜的建筑师路易斯·康，2006.

江苏省版权局著作权合同登记号：10-2019-592

YASASHIKU MANABU KENCHIKU SEIZU SAISHINBAN

©KIWA MATSUSHITA & MITSURU NAGAOKI & SO TERUUCHI & SHIGENOBU YAMANAKA & HIROMITSU KURIHARA 2017

Originally published in Japan in 2017 by X-Knowledge Co., Ltd

Chinese (in simplified character only) translation rights arranged with

X-Knowledge Co., Ltd

图书在版编目（CIP）数据

室内设计制图零基础入门／（日）松下希和等著；
秦思译． —— 南京：江苏凤凰科学技术出版社，2020.6（2021.10重印）
 ISBN 978-7-5713-1062-2

Ⅰ．①室… Ⅱ．①松… ②秦… Ⅲ．①室内装饰设计
－建筑制图 Ⅳ．①TU238.2

中国版本图书馆CIP数据核字(2020)第048577号

室内设计制图零基础入门

著　　　者	[日] 松下希和　[日] 照内创　[日] 长冲充
	[日] 中山繁信　[日] 栗原宏光
译　　　者	秦　思
项 目 策 划	凤凰空间／刘立颖
责 任 编 辑	赵　研　刘屹立
特 约 编 辑	庞　冬

出 版 发 行	江苏凤凰科学技术出版社
出版社地址	南京市湖南路1号A楼，邮编：210009
出版社网址	http://www.pspress.cn
总 经 销	天津凤凰空间文化传媒有限公司
总经销网址	http://www.ifengspace.cn
印　　　刷	天津图文方嘉印刷有限公司

开　　　本	787 mm×1092 mm　1／16
印　　　张	8
字　　　数	128 000
版　　　次	2020年6月第1版
印　　　次	2021年10月第2次印刷

标 准 书 号	ISBN　978-7-5713-1062-2
定　　　价	49.80元

图书如有印装质量问题，可随时向销售部调换（电话：022-87893668）。